国家出版基金项目
NATIONAL PUBLICATION FOUNDATION

十四个集中连片特困区
中药材精准扶贫技术丛书

大别山区
中药材生产加工适宜技术

总主编　黄璐琦
主　编　彭华胜　刘大会　韩邦兴

U0286376

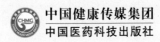

中国健康传媒集团
中国医药科技出版社

内 容 提 要

本书为《十四个集中连片特困区中药材精准扶贫技术丛书》之一。本书分总论和各论两部分：总论介绍了大别山区的自然环境、中药资源现状以及中药材生产加工共性技术等内容；各论选取大别山区优势和常种的 20 个中药材种植品种，每个品种重点阐述植物特征、资源分布概况、生长习性、栽培技术、采收加工、质量标准、仓储运输、药材规格等级及药用（食用）价值等内容。并辅以图片，在表述简洁明了、通俗易懂的同时，又不失对药材生产详细、全面的介绍。

本书供中药材研究、生产、种植人员及片区农户使用。

图书在版编目（CIP）数据

大别山区中药材生产加工适宜技术 / 彭华胜，刘大会，韩邦兴主编 . — 北京：中国医药科技出版社，2021.11

（十四个集中连片特困区中药材精准扶贫技术丛书 / 黄璐琦总主编）

ISBN 978-7-5214-2495-9

Ⅰ . ①大… Ⅱ . ①彭… ②刘… ③韩… Ⅲ . ①药用植物—栽培技术 ②中药加工 Ⅳ . ① S567 ② R282.4

中国版本图书馆 CIP 数据核字（2021）第 100107 号

审图号：GS（2021）2513 号

美术编辑 陈君杞
版式设计 锋尚设计

出版　**中国健康传媒集团** | 中国医药科技出版社
地址　北京市海淀区文慧园北路甲 22 号
邮编　100082
电话　发行：010-62227427　邮购：010-62236938
网址　www.cmstp.com
规格　710 × 1000mm　$^1/_{16}$
印张　12⅝
彩插　1
字数　230 千字
版次　2021 年 11 月第 1 版
印次　2021 年 11 月第 1 次印刷
印刷　北京盛通印刷股份有限公司
经销　全国各地新华书店
书号　ISBN 978-7-5214-2495-9
定价　58.00 元

获取新书信息、投稿、为图书纠错，请扫码联系我们。

编 委 会

序

"消除贫困、改善民生、实现共同富裕，是社会主义制度的本质要求。"改革开放以来，我国大力推进扶贫开发，特别是随着《国家八七扶贫攻坚计划（1994—2000年）》和《中国农村扶贫开发纲要（2001—2010年）》的实施，扶贫事业取得了巨大成就。2013年11月，习近平总书记到湖南湘西考察时首次作出"实事求是、因地制宜、分类指导、精准扶贫"的重要指示，并强调发展产业是实现脱贫的根本之策，要把培育产业作为稳定脱贫攻坚的根本出路。

全国十四个集中连片特困地区基本覆盖了我国绝大部分贫困地区和深度贫困群体，一般的经济增长无法有效带动这些地区的发展，常规的扶贫手段难以奏效，扶贫开发工作任务异常艰巨。中药材广植于我国贫困地区，中药材种植是我国农村贫困人口收入的重要来源之一。国家中医药管理局开展的中药材产业扶贫情况基线调查显示，国家级贫困县和十四个集中连片特困区涉及的县中有63%以上地区具有发展中药材产业的基础，因地制宜指导和规划中药材生产实践，有助于这些地区增收脱贫的实现。

为落实《中药材产业扶贫行动计划（2017—2020年）》，通过发展大宗、道地药材种植、生产，带动农业转型升级，建立相对完善的中药材产业精准扶贫新模式。我和我的团队以第四次全国中药资源普查试点工作为抓手，对十四个集中连片特困区的中药材栽培、县域有发展潜力的野生中药材、民间传统特色习用中药材等的现状开展深入调研，摸清各区中药材产业扶贫行动的条件和家底。同时从药用资源分布、栽培技术、特色适宜技术、药材质量等方面系统收集、整理了适宜贫困地区种植的中药材品种百余种，并以《中国农村扶贫开发纲要（2011—2020年）》明确指出的六盘山区、秦巴山区、武陵山区、乌蒙山区、滇桂黔石漠化区、滇西边境山区、大兴安岭南麓山区、燕山－太行山区、吕梁山区、大别山区、罗霄山区等连片特困地区和已明确实施特殊政策的西藏、四省藏区（除西藏自治区以外的四川、青海、甘肃和云南四省藏族与其他民族共同聚住的民族自治地方）、新疆南疆三地州十四个集中连片特困区为单位整理成册，形成《十四个集中连片特困区中药材精准扶贫技术丛书》（以下简称《丛书》）。《丛书》有幸被列为2019年度国家出版基金资助项目。

《丛书》按地区分册，共14本，每本书的内容分为总论和各论两个部分，总论系统介绍各片区的自然环境、中药资源现状、中药材种植品种的筛选、相关法律政策等内容。各论介绍各个中药材品种的生产加工适宜技术。这些品种的适宜技术来源于基层，经过实践验证、简单实用，有助于经济欠发达的偏远地区和生态脆弱地区开展精准扶贫和巩固脱贫攻坚成果。书稿完成后，我们又邀请农学专家、具有中药材栽培实践经验的专家组成审稿专家组，对书中涉及的中药材病虫害防治方法、农药化肥使用方法等内容进行审定。

"更喜岷山千里雪，三军过后尽开颜。"希望本书的出版对十四个集中连片特困区的农户在种植中药材的实践中有一些切实的参考价值，对我国巩固脱贫攻坚成果，推进乡村振兴贡献一份力量。

2021年6月

前　言

　　大别山，坐落于中国安徽省、湖北省、河南省交界处，为亚热带湿润区与暖温带湿润区的过渡区域，也是亚热带常绿阔叶林区与暖温带落叶阔叶林区的过渡地带，气候温和，雨量充沛，生物资源与中药资源种类丰富。大别山是长江水系与淮河水系的分水岭，是淮河中游、长江中下游的重要水源补给区，在涵养水源、保持水土、调蓄洪水等方面具有重要作用；此外，大别山区在维系生物多样性方面扮演重要角色，目前有6个国家级自然保护区和11个省级自然保护区。

　　大别山中药资源众多，为我国天麻、灵芝的主产区，道地药材霍山石斛、蕲艾、茯苓在全国享有盛誉。近年来，道地药材在大别山区蓬勃发展，瓜蒌、猫爪草、断血流、厚朴、杜仲、福白菊、射干、黄精、野菊花、夏枯草、白前、石菖蒲、栀子等已经成为新兴品种，大别山区苍术富含茅术醇和β-桉叶醇，具有明显的"起霜"特征，已经建立大规模出口基地。

　　中药材产业是中华民族具有特色的优势产业，国家高度重视中药材产业的发展，陆续出台一系列有关中药材产业发展等相关政策，能够因地制宜扶持大宗药材标准化生产示范基地建设，培育带动新型经营主体，既能够发挥当地优势产业，又能为当地百姓带来持续稳定的经济收入。因此，因地制宜发展大别山区特色适宜性中药材种植，可以带动地方绿色经济发展，有利于中药产业可持续发展，助力乡村振兴。

　　为此，中国中医科学院中药资源中心、安徽中医药大学、皖西学院、湖北中医药大学等单位联合组织编写团队，在国家重点研发计划项目（2017YFC1701601，2017YFC1701603，2017YFC1700701，

2017FYC1700704）、国家中医药管理局中医药创新团队及人才支持计划项目（ZYYCXTD-D-202005）、国家中药材产业技术体系（CARS-21）、中央本级重大增减支项目"名贵中药资源可持续利用能力建设项目"（2060302）、中国医学科学院医学与健康科技创新工程项目（2019-I2M-5-065）、安徽省中央引导地方科技发展专项（YDZX20183400004233）、湖北省中药材产业技术体系等课题的支持下，立足于大别山区中药材产业发展需要，因地制宜选择了20种道地药材或特色药材，根据《十四个集中连片特困区中药材精准扶贫技术丛书》的编写指导思想和要求编写了《大别山区中药材生产加工适宜技术》分册，以推进中药材规范化栽培，助力大别山区中药产业发展，建设美丽乡村。

本书可供片区内广大中药材种植人员及全国其他地区相关读者参考。

编　者

2021年9月

目 录

总 论

各 论

总论

第一章 ◇ 大别山区中药资源概况

大别山，座落于中国安徽省、湖北省、河南省交界处，介于北纬30°10′～32°30′，东经112°40′～117°10′，西接桐柏山，东延为天柱山和张八岭，东西绵延约380千米，南北宽约175千米。西段作西北—东南走向，东段作东北—西南走向。山区一般海拔500～800米，其中1500米高峰10余座。行政区域涉及安徽省、湖北省、河南省共3个省，6个市（安徽省的六安市、安庆市、合肥市；湖北省的孝感市和黄冈市；河南省信阳市），25个县、区。

大别山区，是我国14个集中连片的贫困地区之一，是农业人口较多、贫困人口较为集中的地区，属于欠发达地区，具有集革命老区、军事禁区、环境脆弱地区、粮食主产区、生态保护地区于一体的特殊地区。

一、大别山区概况

大别山区处于安徽省、湖北省、河南省结合部位，行政区划范围包括安徽省的11个县、区、市（六安市舒城县、霍山县、金寨县、裕安区、金安区；安庆市桐城市、太湖县、潜山市、岳西县、宿松县；合肥市庐江县）、湖北省的9个县、市（孝感市大悟县、孝昌县；黄冈市红安县、麻城市、罗田县、英山县、浠水县、蕲春县、团风县）、河南省5个县（信阳市商城县、固始县、光山县、新县、罗山县）。

大别山是长江水系与淮河水系的分水岭。大别山区地处亚热带湿润大区与暖温带湿润大区的过渡区域，亚热带常绿阔叶林区域与暖温带落叶阔叶林区域的过渡地带。

（一）大别山区的自然环境

1. 气候

大别山区属于亚热带温暖湿润季风气候区，气候温和，雨量充沛，温光同季，具有优越的山地气候和森林小气候特征。大别山区年平均气温为12.5℃，1月份最冷平均气温为0.2℃，7月份最热平均气温为23℃，气温年较差为21.8℃；平均降水量约1832.8毫米，年降水日数约161天，空气相对湿度平均79%，年日照时数平均1400～1600小时，年雾日102天，太阳平均辐射量110千卡/平方厘米，无霜期179～190天。

2. 植被

大别山北坡地带性植被为北亚热带落叶与常绿阔叶混交林带，但常绿阔叶树种比例不大，只有在低海拔、局部避风向阳、湿润的谷地有较耐寒的青冈栎、苦槠、石栎、冬青及紫楠、湘楠等部分。大别山北坡海拔600米以下的低山丘陵，自然植被以落叶栎林为主，混有少量常绿树种，主要树种为栓皮栎、油桐、枫香、青冈栎、杉木等。天然落叶栎林砍伐后，次生林有马尾松，次生灌丛主要有化香、茅栗、杜鹃、盐肤木、胡枝子、山胡椒、野山楂、六月雪等，这些灌丛经过封山育林后形成了落叶阔叶林。低山丘陵地区还有以白茅、芒占优势的草本群落。沟谷地带可见以江南桤木为主或以枫杨、河柳占优势的落叶阔叶林。海拔600～1500米的山地为针阔叶混交林，代表树种有黄山松、锐齿槲栎、栓皮栎等。海拔1500米以上为落叶灌丛。

大别山南坡地带性植物类型为中亚热带常绿阔叶林带。越往南，常绿阔叶树种逐渐增多。由于大别山南部地处中亚热带北部边缘，常绿阔叶林的分布多位于海拔400～500米以下。主要常绿阔叶树种有青冈栎、苦槠、石栎、甜槠、樟树、紫楠、豹皮樟、天竺桂、光叶石楠、厚皮香、大叶冬青等。在人为影响较少的局部地方，见到以甜槠为主的常绿阔叶林，有时也见到以青冈栎、樟树、石栎及苦槠为主的小块常绿阔叶林。大别山南坡在800米以下的低山丘陵，植被为常绿和落叶阔叶混交林带，代表树种有青冈栎、栓皮栎、板栗、枫香、杉木等；灌丛的种类有短柄枹、马银花、乌饭树、米饭花、冬青、盐肤木、野蔷薇、白檀等。高度在800～1500米的山地为落叶阔叶栎类、台湾松混交林带，代表树种有栓皮栎、黄山栎、茅栗、黄连木、台湾松等；高度在1500米以上为落叶阔叶灌丛。

3. 土壤

在气候、植被因素的作用下，大别山的土壤呈现明显的垂直带谱。

大别山南坡的土壤垂直带谱是：黄棕壤→山地黄棕壤（或暗黄棕壤）→山地棕壤→山地灌丛草甸土。山地黄棕壤的下限约分布于海拔800米；山地棕壤分布的上限在海拔1500～1600米；山地灌丛草甸土的形成则取决于山体的特点。

大别山北坡的土壤有明显的垂直分布规律，其垂直带谱为：黄棕壤→暗黄棕壤→酸性棕壤→山地灌丛草甸土。山麓随着海拔高度的增加，气温不断下降，降水量相应增加，相对湿度也逐渐增大。其气候由北亚热带湿润季风气候逐渐过渡为暖温带湿润季风气候，最后成为温带常湿润的季风气候。自然植被随海拔高度和气候条件的变化，喜湿耐寒的种属成分逐渐增加，因此，土壤的性质也产生了相应的变化，表层土体损失量逐渐增大，说明土壤含结合水及有机物质等的量越来越多。这显然与海拔升高，湿度变大，土壤水化作用增强，生物小循环速度减缓有关。所以，以土壤发生为依据，土壤垂直带谱的基带土壤从黄棕壤开始，随着山地水热条件的差异而出现暗黄棕壤和酸性棕壤，山地顶部虽然按其高度来说均在森林生长线以下，但因局部地形平坦，温低风大，以致森林和灌木难以生长，而草本植物密生，因而有山地灌丛草甸土发育。

（二）大别山区的生态功能保护

生态功能保护区是指在涵养水源、保持水土、调蓄洪水、防风固沙、维系生物多样性等方面具有重要作用的重要生态功能区内，有选择地划定一定面积予以重点保护和限制开发建设的区域。大别山生态功能保护区具体包括水源涵养保护区、自然保护区、国家地质公园和国家森林公园。

1. 水源涵养保护区

大别山有重要的水源涵养功能，是长江水系和淮河水系的分水岭，是淮河中游、长江中下游的重要水源补给区。淮河水系和长江水系中下游诸多中小型河流均发源于大别山。北麓的水往北流入淮河的主要河流有史河、灌河、淠河、潢河等；南麓的水往南流入长江的主要河流有巴河、蕲河、白莲河、举水、倒水、大悟河、滠水、潜水、杭埠河等。这些支流缠绕依傍于高山峻岭间，不仅为水路交通提供便利，也孕育了丰富的水资源。

（1）河流　史河，古名"决水"，为淮河南岸Ⅰ级支流，在安徽西部，流域跨河南、安徽两省。发源于大别山北麓，河南、安徽两省交界的伏牛岭，其上源有沙沟、银山沟及八道河汇入，至梨花尖始称史河，流经丁埠、金家寨、梅山、叶集、河南省固始等地，至三河尖入淮河。史河是皖西地区和河南省南部重要的水系，流域内众多的水利设施形成史河灌区（安徽境）和梅山灌区（河南境），为中国三大特大型灌区之一的淠史杭灌区的重要组成部分。

灌河，发源于河南省商城，流经河南省商城县和固始县，在固始县水文站下游汇入史河。

淠河，是淮河右岸的主要支流之一，位于安徽省西南部，发源于岳西和金寨县境内的大别山北麓。流经霍山县、岳西县、六安市，于正阳关入淮河。淠河上游支流上建有佛子岭、响洪甸、磨子潭3座大型水库，均有防洪、灌溉、发电和航运等综合利用功能。

潢河，淮河上游重要支流，流经河南省东南部。发源于新县万子山，经光山县东部，从潢川县卜塔集镇马湖村入境，由西南向东北纵贯卜塔集镇、春申街道、老城街道、弋阳街道、定城街道、魏岗乡、谈店乡、来龙乡、上油岗乡，至踅孜镇两河村入淮河。

以上几条河流是发源于大别山，流经大别山区而注入淮河的主要河流。

巴河，位于湖北省黄冈市境内，源于湖北与安徽交界处的西峰尖，流经麻城市、罗田县、团风县、浠水县、黄州区，沿途汇水绵延百余公里经巴河镇汇入长江。巴河是浠水与罗田、团风两县及黄州区的界河。

蕲河，又名蕲水，属湖北省黄冈境内五水之一。蕲河发源于蕲北的四流山，自东北向西南流贯全县，最后注入长江。

白莲河，发源于安徽省岳西县黄梅尖和湖北省英山县的云峰顶，上游由两条支流组成，于英山两河口汇合，经浠水巴河注入长江。

倒水河，为长江支流。主要流域在河南、湖北省境内，发源于大别山南麓河南省新县的庆儿寺，在武汉市新洲区阳逻龙口注入长江。

大悟河，是湖北省孝感市大悟县境内的一条河流，发源于河南省罗山县与湖北省大悟县接壤的灵山（一说"光头山"）。流经大悟县全境。在大悟县芳畈镇与孝昌县小河镇交接部位汇入滠河。

滠水，发源于湖北省大悟县三角山，流经孝感市大悟县、黄冈市红安县和武汉市黄陂区三地。

潜水，俗称前河，长江支流皖河的支流。发源于安徽省岳西县公界岭，流经潜山县至官坝头与长河相汇合。

杭埠河，为长江水系巢湖的重要支流。杭埠河以晓天河为上源，出岳西县境大别山区的猫耳尖（海拔1415米）东麓，流经六安市的岳西县、舒城县，合肥市的庐江县、肥西县，在三河镇注入巢湖。

以上河流均发源于大别山，流入长江。

（2）水库　大别山区是水源水库涵养区，境内水库水域面积达19.6万公顷。大型水库有位于安徽省境内的佛子岭水库、磨子潭水库、梅山水库、响洪甸水库、龙河口水库和花凉亭水库；位于河南省境内的南湾水库、鲇鱼山水库；位于湖北省境内的白莲河水库。这些水库不仅蕴藏了丰富优质的水资源，更形成了美丽的水利风景区。这些水利风景区翠影含黛，风光旖旎，群山绵亘，峰峦俊秀，林木葱茏。

2. 自然保护区

自然保护区是指对有代表性的自然生态系统、珍稀濒危野生动植物物种的天然集中分布、有特殊意义的自然遗迹等保护对象所在的陆地、陆地水域或海域，依法划出一定面积予以特殊保护和管理的区域。自然保护区在《中华人民共和国自然保护区条例》中确定为禁止开发区域，是禁止进行工业化、城镇化开发的区域，是重要的生态功能保护区。

自然保护区分为国家级自然保护区和地方各级自然保护区。大别山区有6个国家级自然保护区和11个省级自然保护区。

大别山区的6个国家级自然保护区分别为：安徽鹞落坪（山地森林生态系统）保护区，安徽天马（北亚热带常绿落叶阔叶林及珍稀动植物）保护区，安徽岳西县枯井园森林生态保护区，河南鸡公山（亚热带森林植被过渡类型及珍稀野生动植物）保护区，湖北龙感湖（北亚热带森林生态系统及珍稀野生动植物）保护区和湖北大别山国家级自然保护区。

大别山区的11个省级自然保护区分别为：安庆沿江湿地、潜山县板仓森林生态保护区、霍邱县东西湖野生动物保护区，舒城万佛山森林生态保护区，霍山佛子岭森林生态保护区，信阳四望山森林生态保护区，信阳天目山森林生态保护区，新县黄缘闭壳龟野生动物保护区，商城县金刚台森林生态保护区，商城县鲇鱼山内陆湿地，固始县淮河湿地。

3. 国家地质公园

中国国家地质公园是以具有国家级特殊地质科学意义，较高的美学观赏价值的地质遗迹为主体，并融合其他自然景观与人文景观而构成的一种独特的自然区域。

大别山区共有国家地质公园5个，分别是位于安徽境内的大别山（六安）国家地质公园，安徽天柱山国家地质公园，安徽浮山国家地质公园；位于湖北境内的大别山（黄冈）国家地质公园；位于河南境内的信阳金刚台国家地质公园。

4. 国家森林公园

国家森林公园是指森林景观特别优美、人文景物比较集中，观赏、科学、文化价值高，地理位置特殊，具有一定区域代表性，旅游服务设施齐全，有较高的知名度，可供人们游览、休息或进行科学、文化、教育活动的场所。目前，大别山区有国家森林公园16处，其中，安徽境内的有天柱山国家森林公园，大龙山国家森林公园，天堂寨国家森林公园，妙道山国家森林公园；河南境内有信阳南湾国家森林公园，金兰山国家森林公园，黄柏山国家森林公园，天目山国家森林公园，大苏山国家森林公园；湖北境内的有黄冈大别山国家森林公园，三角山国家森林公园，红安天台山国家森林公园，吴家山国家森林公园。

（三）大别山区的中药资源现状

1. 大别山区道地药材

大别山区的道地药材有霍山石斛、茯苓、天麻、皖贝母、断血流、潜厚朴、灵芝、猫爪草、汉苍术、舒州术、射干、蕲艾、蔓荆子、麻城福白菊、丹参、桐桔梗、半夏、海螺望春花、瓜蒌、石菖蒲、野菊花、灵猫香、秋石。

2. 大别山区常用中药

大别山区常用中药非常丰富。根及根状茎类药材有紫萁贯众、狗脊贯众、水龙骨、骨碎补、及己、青木香、何首乌、虎杖、金荞麦、支柱蓼、拳参、商陆、土牛膝、草乌、猫爪草、天葵、鬼臼、白药子、粉防己、乌药、地榆、白鲜皮、葛根、北豆根、延胡索、夏天无、远志、白蔹、藤梨根、柴胡、玄参、茜草、南沙参、羊乳、紫菀、香附、鸢尾、麦冬、黄精、黄药子、土茯苓、菝葜、光慈姑、重楼、浙贝母、水菖蒲、天南星、虎掌。

全草类药材有蛇足石杉、伸筋草、卷柏、阴地蕨、瞿麦、石竹、杠板归、景天三七、小叶马蹄香、寻骨风、百蕊草、鱼腥草、绞股蓝、金钱草、仙鹤草、紫金牛、鹿蹄草、白花蛇舌草、夏枯草、白毛夏枯草、连钱草、龙葵、益母草、紫苏、墨旱莲、车前草、陆英、垂盆草、败酱草、刘寄奴、千里光、茵陈、鬼针草、一枝黄花、豨莶草、大蓟、蒲公英、斑叶兰、石豆兰。

叶及花类药材有石韦、淫羊藿、青钱柳、功劳叶、四季青、苦丁茶、胡颓子叶、合欢花、芫花、结香花、闹羊花、凌霄花、厚朴花、野菊花、旋覆花、淡竹叶。

果实、种子类药材有柏子仁、桑椹、青葙子、山鸡椒、榧子、南五味子、南天竹子、莲子、芡实、路路通、南山楂、吴茱萸、山茱萸、金樱子、枳椇子、女贞子、栀子、桃仁、杏仁、花椒、连翘、薏苡。

皮类药材有杜仲、土荆皮、桑白皮、合欢皮、紫金皮、苦楝皮、黄柏、五加皮。

茎木类药材有大血藤、青风藤、木通、通草、小通草、楤木、钩藤。

动物类药材有蛇蜕、乌梢蛇、蚕蜕、麝香、土鳖虫、露蜂房、蜂蜡、蜂蜜、龟甲、鳖甲。

其他类药材有金蝉花、僵蚕、亚香棒虫草、竹黄、雷丸、马勃、海金沙、五倍子、松花粉、蒲黄。

3. 大别山区药食两用植物

药食两用植物又名药食同源植物，指药用兼食用的植物资源，最早以"食疗""食养""食补""药食同源"的形式出现，具有充饥、调味、解酒、美容及延年益寿等作用。近年来，随着人们物质生活水平的提高和对健康意识的不断增强，国人日益注重饮食养生、饮食治疗和饮食保健。药食两用植物研究受到人民的广泛关注。

大别山区药食两用植物有500余种。近年来，由于美丽乡村和农家乐、自驾游等兴起，一些特色的药食两用植物发展前景良好。如紫萁科植物紫萁，蕨科植物蕨，水蕨科植物水蕨，榆科植物榆，桑科植物薜荔，马齿苋科植物马齿苋，木通科植物三叶木通，睡莲科植物莲和芡实，十字花科植物荠菜，豆科植物刺槐、紫藤、葛，苦木科植物香椿，鼠李科植物枳椇，猕猴桃科植物中华猕猴桃，胡颓子科植物胡颓子，菱科植物菱，五加科植物楤木、五加，伞形科植物水芹、鸭儿芹，柿树科植物君迁子，萝藦科植物隔山消，马鞭草科植物豆腐柴，唇形科植物地蚕、硬毛地笋、薄荷、蜗儿菜、水苏，茄科植物枸杞，菊科植物菊芋、马兰、野菊、鼠麹草、蒲公英，百合科植物黄精、多花黄精、薤白、百合、卷丹、黄花菜，薯蓣科植物薯蓣，禾本科植物菰、薏苡、白茅，天南星科植物芋，莎草科植物荸荠，姜科植物蘘荷，兰科植物铁皮石斛等。

二、大别山区中药产业扶贫对策

全面贯彻党的十九大精神和习近平总书记关于中医药发展的重要指示精神，以及《中医药发展战略规划纲要（2016—2030年）》、相关各省市规划的精神与要求，以做强中药农业、壮大中药工业、培育发展中药大健康产业，实现三产融合为目标；以建设大别山区特色道地药材的种植基地、加工企业、康养中心等建设为抓手，科学布局中药农业、工业、商业和健康服务业，培育、拓展和壮大大别山区特色道地药材的全产业链，将大别山区的生态环境优势和中药资源优势转化为地方经济发展的新势能，助推大别山革命老区精准扶贫和绿色振兴。

1. 保护与发展并重

坚持资源保护与产业发展相结合，建立大别山区种质资源圃，切实加强保护现有特色道地药材的中药资源，为大别山区内中药资源的持续利用提供保障；以市场需求为导向，发展中药饮片、胶囊、颗粒剂等中药大健康系列产品，打造以大别山区特色资源为原料的产业群，促进产业持续发展。

2. 产业协同推进

科学布局大别山区中药材产业链各环节，建立大别山康养研游扶贫实验区，建立大别山高素质劳动力转移培训中心，建立大别山革命老区物流集散中心，促进中药农业、中药工业、中药流通和中药康养服务业等相关产业协调发展。

3. 科技支撑引领

发挥科技支撑和引领作用，在大别山区内大力推广优质品种及先进生产与加工技术，推进中药生态种植技术的推广，提高中药材品质；挖掘中医药传统技术，提高中药产品的研发能力；努力提高信息化水平，提升中医药健康服务水平，促进大别山区中药材产业的优化发展。

4. 政府市场联动

坚持市场主导、政府引导相结合。以市场为导向，突出企业在大别山区中药材产业建设中的主体作用。发挥政府规划引导、市场监管、政策激励和组织协调作用，促进大别山区中药材产业升级和有序发展。

参考文献

[1] 舒明明. 皖西大别山地区致贫因素的研究[J]. 山西农业大学学报（社会科学版），2014，13（7）：705–711.

[2] 王超. 大别山片区旅游精准扶贫：参与机制与模式构建[D]. 开封：河南大学，2018.

[3] 杨静. 中国连片特困地区自我发展能力研究[D]. 重庆：重庆师范大学，2016.

[4] 曹昌伟. 连片特困区减贫脱贫与生态保护耦合机制研究——以大别山片区为例[J]. 安徽农业大学学报（社会科学版），2018，27（4）：31–36.

第二章 ◇ 中药材生产加工共性技术

一、中药材常见病虫害防治

目前，全国栽培中药材种类已近500种，由于各中药材的分布区域、生长习性、入药部位等特殊性，药材的生产加工技术也相差较大，即使同一种药材不同产区也存在栽培经验或药材加工技术差异。但在生产加工过程中亦有部分共性技术，如中药材常见病虫害防治、中药材的采收加工、中药材的仓储保管等。

（一）中药材病虫害防治原则

认真贯彻"预防为主，综合防治"的植保方针，采取预测预报、物理机械防治、化学防治等综合防治技术措施，创造有利于中药材生长发育，不利于各种病虫繁殖侵染、传播的环境条件，控制其发生危害，使经济损失降到最低限度。

（二）中药材病虫害防治方法

从农业生态学的总体观点出发，以预防为主，本着安全、有效、经济、简便的原则，有机地、协调地使用农业、化学、生物和物理机械以及其他有效的生态学手段，把病虫的发生数量控制在经济损失允许水平以下，达到高产、优质、低成本和少公害或无公害的目的。根据各种农药在不同中药材上的残留限度、经济有效的施药技术及残留量的测定结果，制定出的最后一次施药距离该种中药材收获的日期。

1. 农业防治

农业防治是中药材病虫害防治中经济实用的防治方法，是通过改进耕作管理，筛选抗病抗虫新品种，达到控制病虫害发生、传播的目的。包括：合理轮作、套作和间作，翻耕土壤晾晒病菌、害虫卵；中耕除草，严格淘汰病株，及时摘除病叶；采收后清洁田园，清除携带有病虫的残株枝叶和杂草等。

2. 生物防治

生物防治是利用有益生物或其代谢产物对中药材病虫害进行有效防治的技术，具有经济、有效、安全等优点。植物中含有多样的活性物质，其中多种物质具有杀虫活性，如茶皂素、鱼藤酮、印楝素等；动物活体或其代谢产物亦是防治有害生物的一类农药，如捕食性昆虫和其次生代谢产物，次生代谢产物如昆虫毒素、昆虫激素和昆虫信息素等；动物本体防治有害生物，如"以虫治虫、以鸟治虫"等；微生物菌体及其次生代谢产物也作为防治病虫害的一类农药，如枯草芽孢杆菌、阿维菌素、海洋芽孢杆菌等。

3. 物理防治

物理防治是指利用物理因素防治病虫害的方法。常见方法是利用害虫对特殊颜色有趋性而进行驱避或诱杀，如常用黄板、蓝板等；将存储的种子及种苗进行辐照处理，杀死药材上的害虫及虫卵和病原菌等；利用紫外线辐照土壤，杀死土壤中的病原菌、虫源和杂草种子；人工捕杀等方法。

4. 化学防治

化学防治是中药材病虫害防治较常用的方法。适时用药，严格执行用药安全间隔。利用化学农药防治病虫害时，应掌握以下基本知识：①农药的合理使用，就是要求做到用药少，防治病虫效果好，不污染或很少污染环境，残留毒性小，对人、畜安全，不杀伤天敌，对作物无药害，能延缓害虫和病菌产生抗药性等，以切实贯彻经济、安全、有效的"保益灭害"原则。②不同农药交替使用可提高药效和避免病、虫产生抗药性，即将两种或两种以上农药混合使用，既可同时兼治几种病虫害，又可与施肥配合，节省用工，并可防治病、虫产生抗药性。

（三）中药材病害具体防治方法

1. 黑斑病

叶、叶柄、嫩枝、花梗和幼果均可受害，但主要危害叶片。症状有两种类型：一种是发病初期叶表面出现红褐色至紫褐色小点，逐渐扩大成圆形或不定形的暗黑色病斑，病斑周围常有黄色晕圈，边缘呈放射状、病斑直径约3~15毫米。后期病斑上散生黑色小粒点，即病菌的分生孢子盘。严重时植株下部叶片枯黄，早期落叶，致个别枝条枯死，如月季黑斑病。另一种是叶片上出现褐色至暗褐色近圆形或不规则形的轮纹斑，其上生长黑色霉状物，即病菌的分生孢子。

防治方法 ①实施轮作。②选用无病健种作种。③加强田间管理，雨季及时排水，避免水渍。④于发病初期，用75%百菌清可湿性粉剂500~1000倍液，或50%多菌灵可湿性粉剂1000倍液，每隔7~10天喷1次，连喷2~3次。

2. 霜霉病和白锈病

霜霉病主要危害叶片，发病时叶片背面有一层霜状霉层，霉层呈密集状或稀疏状，霉层颜色起初为白色，后期变为灰色至灰黑色，最后使叶片变黄枯死。白锈病也主要危害叶片，发病时叶片正面出现黄白色斑点，几个小斑逐渐连成大斑，叶片背面有白色苞状病斑，破裂后，散出白色的粉末，为病菌孢子囊，属真菌中的一种。

防治方法 采取农业防治与药剂防治相结合的综合防治方法。①农业防治措施主要是采取轮作，选用抗病品种，选择无病株苗作种，合理施用氮肥，摘除中下部病叶以及拔除病株残体等。②药剂防治可用40%菌核净可湿性粉剂，或用70%甲基托布津可湿性粉剂，或用25%多菌灵可湿性粉剂等进行喷雾防治。

3. 根腐病

发病初期，先是个别的侧根或须根变褐腐烂，逐渐向主根扩展，主根发病后，导致全根或根茎腐烂。发病初期植株症状表现不明显，随着根部腐烂程度的加剧，叶色由绿逐渐变黄，萎蔫状况不能恢复，最后叶片自上而下逐渐枯死。

防治方法 ①实行轮作，最好是与禾本科作物实行轮作。②对土壤进行消毒。③于发病初期，用72%农用硫酸链霉素3000~4000倍液，或90%新植霉素4000倍液，每隔7~10天喷1次，连续喷洒2~3次。

4. 白粉病

多危害植物的叶片、嫩茎、花和果实，叶片发病初期为近圆形的白色绒状霉斑，发病后期，霉层颜色逐渐变为灰色至灰褐色，在霉层中长出小黑点，即病菌孢子。发病严重者叶片卷曲，变黄枯死。

防治方法　①收获后及时清理田间，将病株烧毁深埋，减少病原。②加强田间管理，降低田间湿度。③于发病初期，用25%粉锈宁可湿性粉剂1000～1500倍液，或70%甲基硫菌灵可湿性粉剂1000倍液，每隔7～10天喷1次，连喷2～3次。

5. 锈病

多危害植物的叶片、嫩茎、花和果实，初期叶背生有黄褐色颗粒状孢子堆，破裂后孢子粉如铁锈，后期叶面出现灰褐色病斑，严重时全株枯死。

防治方法　①选用抗病品种。②清除寄主植物。③改善栽培条件，选择地势高燥、排水良好的土地栽植。④发病期，喷洒97%敌锈钠400倍液防治，每7～10天喷1次，连续喷3～4次。

6. 叶斑病

危害叶片、茎部及叶柄，起初叶片上可见类圆形褐色斑块，边缘不明显，严重时叶片扭曲、干枯、变黑；茎和叶柄上的病斑呈长条形，花瓣感染会造成边缘枯焦，严重时导致整株叶片萎缩枯凋。

防治方法　①收获后彻底清理田间，烧毁深埋。②合理施氮肥，加强田间管理；发现病株、病叶立即除去，防止病情蔓延。③若病情已蔓延，可喷洒160～200倍等量波尔多液，每10～15天1次，或65%代森锌500～600倍液，每7～10天喷1次，连续喷3～4次。

7. 叶枯病

发生时造成叶片枯死脱落。发病时先在叶尖或叶缘发生，扩展迅速，后期病斑连成片，呈焦枯状或枯死脱落。

防治方法　①收获后彻底清理田间，集中烧毁，减少越冬菌源。②增施磷、钾肥，加强田间管理，促进植株生长健壮。③忌连作，实行轮作。④发病期，摘除病叶，并交替喷施1∶1∶100波尔多液和50%托布津1000倍液。

8. 枯萎病

发病初期下部叶片表现褪绿，然后逐渐萎黄枯死。

防治方法　①选用健壮无病种苗，实行轮作。②增施腐熟的有机肥；加强田间管理，作高畦，开深沟，排水降低湿度，及时排出田间积水。③发现病株，及时拔除，并在病穴中撒施石灰粉或用50%多菌灵1000倍液浇灌。

9. 立枯病

发病初期，在幼苗近地面茎基部出现黄褐色长形病斑，病斑向茎部周围扩散，造成烂茎，后延伸绕茎，茎部坏死收缩成线形。由于茎基部干缩，失去输送养分和水分的功能，使幼苗枯萎，成片倒伏枯死。发病较晚的，由于木质化程度高，呈现立枯状。

防治方法 ①轮作或土壤消毒后再育苗。②降低土壤湿度。进行药物浸种或拌种，即将种子放入65%胂·锌·福美双500倍液或50%敌磺钠500倍液中浸泡10～30分钟。③发现病株及时拔除，发病早期用5%的石灰水淋灌，每7天淋灌1次，连续3～5次。

10. 白绢病

多为根或茎发病，植株输送水分受阻，地上部分逐渐萎蔫。

防治方法 ①与禾本科作物轮作。②选用无病健种种。③加强田间管理，雨季及时排水，避免土壤湿度过大。④发现病株立即拔除带出处理，并用生石灰粉处理病穴。于发病初期，用20%粉锈宁乳油1500～2000倍液，或20%井冈霉素可湿性粉剂2000倍液，或75%灭普宁可湿性粉剂1000倍液，每隔7～10天喷1次，连喷2～3次。药液应喷及栽培基质，喷药后应停止喷水5～7天。

（四）中药材虫害具体防治方法

1. 蛾类

为一类杂食性和暴食性害虫，危害寄主相当广泛，以幼虫咬食叶片、花蕾、花及果实，初龄幼虫啮食叶片下表皮及叶肉，仅留上表皮呈透明斑；4龄以后进入暴食，咬食叶片，仅留主脉。

防治方法 ①利用杀虫灯、性诱剂等诱杀害虫。②及时摘除卵块或初孵幼虫群集的"纱窗叶"。③在幼虫低龄期可选用0.5%楝素杀虫乳油500～1000倍液，或10%除尽乳油1500倍液，或20%米满乳油1000～2000倍液，或5%抑太保乳油1000～2000倍液，或1.8%阿维菌素乳油1000倍液，或1%甲氨基阿维菌素苯甲酸盐乳油3000～5000倍液，喷雾。

2. 螨类

幼螨、成螨均喜在栽培药材的叶背吸食植株汁液。初期叶面出现红白斑点，叶背出现蜘蛛网；后期叶片皱缩，出现红色小点，甚至枯萎脱落。

防治方法 ①选用健康无虫苗木栽种。②在早春和晚秋结合积肥、除草、清除田间枯枝落叶，可有效地减少虫源。③发现有螨类，及时喷洒20%三氯杀螨醇乳油800～1000倍液或40%乐果乳油1000倍液等进行防治。

3. 蝽类

主要有斑须蝽、三点盲蝽和梨网蝽等，通过针状刺吸口器吸食植株茎叶之中的汁液，并且还能传播病毒病。

防治方法 ①越冬期间清园，消灭越冬的成虫或若虫，以降低虫口数量。②在幼虫发生期喷洒10%的杀灭菊酯乳油2500～3000倍液或40%氧化乐果乳油1000倍液等进行药物防治。

4. 软体动物

杂食性和偏食性并存。主要以植物茎叶、花果及根为食。

防治方法 ①土壤管理。每月在晴天翻土1次，将园内的乱石翻开或运出。②人工诱捕。堆置杂草、树叶、石块、菜叶等诱捕物在晴朗白天集中捕捉，或用草把捆扎在桃树的主干上，让蜗牛上树时进入草把，晚上取下草把烧掉。③生石灰防治。晴天的傍晚在树盘下撒施生石灰，蜗牛晚上出来活动因接触石灰而死。④毒饵诱杀。毒饵四聚乙醛于晴天或阴天的傍晚投放在树盘、主干附近，或梯壁乱石堆中，蜗牛食后即中毒死亡。⑤喷雾驱杀。用5%～10%硫酸铜液（注意药害，不宜喷树），1%～5%食盐溶液，1%茶籽饼浸出液或氨水700倍液，于早上8时前及下午6时后对树盘、树体和梯壁等喷雾。

5. 蝼蛄

主要危害栽培中药材的根部，使植株生长发育不良，以致枯死或咬食种子和幼苗，造成缺苗断垄。

防治方法 ①前茬作物收获之后，翻耕土地，将其成虫或卵暴露于地面冻死、晒死。②播种前，用适当浓度的农药进行拌种。③利用一定的食料，拌上一定量的毒药，于傍晚撒于田间进行诱杀。④利用其趋光性进行灯光诱杀。⑤在大量发生时，可用90%的敌百虫1000倍液浇灌药材植株的根部。

6. 蛴螬

主要取食药材萌发的种子或幼苗的根茎，断口整齐。同时也危害根部或根茎部，成虫能够取食植株的叶片。

防治方法 ①早春或晚秋栽种中药材之前，及时耕翻耙整土地，将幼虫暴露于地面，经冻死、晒死。②药材生长期发现虫害时，每亩用2千克3%克百威颗粒剂拌细土25～50千克，结合中耕培土沿垄撒施。③施用腐熟的厩肥。④成虫可用灯光进行诱杀，或用90%的晶体敌百虫1000倍液喷洒。

7. 地老虎

初龄幼虫多在心叶和叶腋间取食，4龄后能从幼苗基部咬断嫩茎。食性复杂，能危害多种中药材。

防治方法 ①春季出苗前，及时除去田间杂草。②用98%的敌百虫晶体1000倍液或5%杀虫菊酯乳油3000倍液进行喷杀初龄幼虫。③在幼虫的高龄阶段，每亩用98%的敌百虫晶体溶解在4～5千克水中喷洒于15～20千克切碎的鲜草或其他绿肥上，做成鲜草毒饵，傍晚时撒于幼苗的周围。

8. 蚜虫

蚜虫危害叶片的外形会发生明显的变化，出现卷曲、皱缩，叶色变黄或发红，甚至枯焦脱落。

防治方法 ①可利用七星瓢虫、食蚜蝇等天敌来防治蚜虫；植株成株期，将40%的氧化乐果用5倍水稀释后涂在植株茎的基部。②在蚜虫数量多、危害重时，可喷洒40%的氧化乐果乳油1000倍液或50%敌敌畏乳油1000倍液。

9. 红蜘蛛

红蜘蛛，又名棉红蜘蛛，俗称大蜘蛛、大龙、砂龙等，学名叶螨，分布广泛，杂食性，可危害110多种植物。

防治方法 ①用捕食螨来控制红蜘蛛。②用1.8%阿维菌素乳油4000倍～5000倍液，或1%甲氨基阿维菌素苯甲酸盐6000倍液，喷雾。

10. 棉铃虫

棉铃虫幼虫孵出后即开始取食花蕾与花朵。

防治方法 ①棉铃虫成虫对半枯萎的杨树枝叶有趋性，可利用此特性进行诱杀。②在成虫的产卵期喷洒90%的敌百虫晶体1000倍液或10%杀虫菊酯乳油3000倍液进行防治。

二、中药材的采收加工

（一）中药材的采收方法

1. 根及根状茎类药材

根及根状茎类药材一般在植物生长停止、花叶凋谢的休眠期，或在春季发芽前采收。虎杖、南沙参、桔梗、黄精、玉竹多在春季采收；太子参、半夏、延胡索在夏季采收；商陆、地黄、重楼在秋季采收；天麻、玄参、白术在冬季采收。采收时采用挖取法。

2. 茎木类药材

茎木类药材一般在秋、冬季采收，如络石藤、大血藤等。降香、沉香等全年均可采收。采收时多采用割取法或砍取法。木类药材需要在砍树后除去树皮及边材。茎髓类药材在割取地上茎后，趁鲜取出茎髓。

3. 叶类药材

叶类药材多在植物生长最旺盛时、花蕾将开放或花盛开时、果实尚未成熟时采收，此时植株已经完全长成，光合作用旺盛。艾叶在开花前采收，桑叶于秋、冬季采收。采收时采用摘取法或割取法。

4. 全草类药材

全草类药材多在植株生长最旺盛、将要开花前采收。如薄荷、鱼腥草、仙鹤草、泽兰、千里光、淡竹叶、金钱草等。采收时割取地上部分；少数连根挖取全株。

5. 皮类药材

皮类药材多在春末夏初采收，此时树皮养分及液汁增多，皮部与木部容易剥离，伤口较易愈合，如杜仲、厚朴。少数于秋、冬季采收，如肉桂。现多采取环状、半环状或条状剥取法。

6. 花类药材

花类药材多在含苞待放时采收，部分在完全盛开时采收。金银花、槐米等在含苞待放时采收，红花在刚开放时采收，菊花在盛开时采收。采收多在晴天上午露水初干时采摘。

7. 果实类药材

果实类药材多在果实成熟时采收，如山楂、连翘、瓜蒌等。山茱萸多在经霜变红后采摘，川楝子多在经霜变黄后采摘。枳壳采收接近成熟的果实，枳实采收幼果。采收时采用采摘法。

8. 种子类药材

种子类药材多在果实完全成熟、种子呈固有颜色时采收，如牵牛子、决明子、苦杏仁、桃仁、酸枣仁等。采收时采用摘取或割取后取子。

（二）中药材的产地加工方法

1. 根及根状茎类药材

采挖后洗净泥土，除去残留枝叶后晒干或烘干即成，如桔梗、前胡、南沙参等。含水量较高的百部、天冬、百合、黄精、玉竹、天麻等，先用沸水稍烫，然后晒干或烘干；质坚较大的商陆、葛根等应趁鲜切片，然后干燥；桔梗、半夏等应趁鲜刮去栓皮。

2. 果实类药材

采收后直接晒干或烘干。酸橙、佛手等果实大不易干透的药材，应切开干燥；山茱萸去核、陈皮剥皮后干燥。

3. 种子类药材

采收后晒干收集种子。薏苡仁、决明子去果皮或种皮；苦杏仁、酸枣仁要打碎果核，取出种仁。

4. 花类药材

采收后摊开阴干或低温烘干。如月季花、玫瑰花、金银花、旋覆花、红花等。杭白菊需先蒸再烘。

5. 全草或叶类药材

采收后放在通风处阴干或晾干，如薄荷、藿香等；垂盆草、马齿苋等含水量较高的肉质叶类药材，先用沸水略烫后，再干燥。

6. 皮类药材

采收后趁鲜切块或片，再晒干。黄柏、牡丹皮、椿皮等在采收后应趁鲜刮去外层的栓皮，再干燥。杜仲、厚朴、肉桂采后应堆置发汗，再干燥。

三、中药材的贮藏保管

1. 干燥

干燥是保存中药的最基本方法，常用的有晒干法、阴干法、烘干法、木炭干燥法、生石灰干燥法、通风干燥法、密封吸湿干燥法、微波干燥法、远红外干燥法、太阳能集热器干燥法等。

2. 冷藏

采用低温（0～10℃）贮存方法，可以有效防止不宜烘、晾中药的生虫、发霉、变色等变质现象发生。低温冷藏不仅可以防止中药材及饮片的有效成分变化或散失，还可以防止菌类孢子和虫卵的繁殖。

3. 密封

密封或密闭贮藏可以避免外界空气、光线、温度、湿度、微生物、害虫等对中药质量的影响。可在密闭容器中添加石灰、沙子、糠壳、木炭等吸湿剂或贮藏于地下室。

4. 化学药剂

本法主要适用于储存大量药材的仓库。但由于化学杀虫剂往往对人体也有不良影响，因此适用于中药的防霉杀虫剂很少，以选择毒性小的为宜，常选用不易残留的化学熏蒸法来灭菌杀虫。常用磷化铝或硫黄熏蒸。需注意熏蒸后通风排毒。

5. 对抗同贮

本法为利用不同性能的中药和特殊物质同贮具有相互制约，抑制虫蛀、霉变、泛油现象的传统贮藏养护方法。如泽泻、山药等与牡丹皮同贮防虫保色，西红花防冬虫夏草生虫，花椒与地龙、蕲蛇、金钱白花蛇及全蝎同贮防虫蛀，冰片与灯心草同贮防霉变等。此外，乙醇或高浓度白酒是良好的杀菌剂，某些药物与乙醇或白酒密封贮存，也是较好的养护方法。

6. 气调

气调即空气组成的调整，简称"CA"贮藏。气调养护，系指通过采用一定的技术措施调节或控制密封容器内的气体组成成分，降低氧的浓度以防中药变质的方法。是一种无毒、无污染、科学而经济的贮藏方法。

7. 其他

此外，近年来还出现气幕防潮技术、气体灭菌技术、无菌包装技术、埃-京氏杀虫技术、高频介质电热杀虫技术等。应根据中药的品种、特性、季节气温的变化采取不同的措施，对特殊中药应重点保护，做到科学养护，保证质量，降低损耗。

参考文献

[1] 蔡少青. 生药学[M]. 北京：人民卫生出版社，2018.
[2] 钟赣生. 中药学[M]. 北京：中国中医药出版社，2018.
[3] 陈随清，秦民坚. 中药材加工与养护学[M]. 北京：中国中医药出版社，2018.

各 论

本品为山茱萸科植物山茱萸*Cornus officinalis* Sieb. et Zucc.的干燥成熟果肉。

一、植物特征

落叶乔木或灌木，高4～10米；树皮灰褐色；冬芽被黄褐色短柔毛。叶对生，卵状披针形或卵状椭圆形，长5.5～10厘米，宽2.5～4.5厘米，下面脉腋密生淡褐色丛毛。伞形花序生于枝侧；花小，两性，先叶开放；花萼裂片4；花瓣4，黄色，向外反卷；雄蕊4，花丝钻形，花药椭圆形，2室；花盘垫状，无毛；子房下位，花托倒卵形，密被贴生疏柔毛；花梗纤细，密被疏柔毛。核果。花期3～4月，果期9～10月。（图1）

图1　山茱萸

二、资源分布概况

山茱萸的产地主要位于中国山西、陕西、甘肃、山东、江苏、浙江、安徽、江西、河南、湖南等省。生于海拔400～1500米，稀达2100米的林缘或森林中。

三、生长习性

山茱萸野生于溪谷两边的林荫下、腐殖质厚的石灰岩土中，喜温暖湿润背风向阳气候，在土壤肥沃的中性至微酸性的深厚砂质土壤中生长良好。春怕寒风吹袭，夏怕冰雹打击。

四、栽培技术

1. 选地整地

（1）选地　应选择海拔1000米以下、年降水量1000毫米左右、排水良好、土层深厚的丘陵、山区向阳缓坡、微酸砂壤地带建园，房前屋后、田边渠边等闲散地也可栽植。

（2）整地　整地主要是先彻底清除杂灌、草根和石块，再按计划密度挖掘定植坑。挖坑时上层熟土与下层生土分开放置、每坑施入腐熟圈粪或土杂肥100千克，于栽植前1个月与上层熟土拌匀后填入，其上再覆盖20厘米厚的生土1层敲碎待栽。幼树定植后的生长季节应及时中耕除草，保持地表疏松、湿润，秋冬季以树盘为中心进行深翻扩穴，促进根系生长发育。河滩或山坡地应结合深翻进行土壤改良，在山区入冬前最好用石灰水涂刷，用麦草包扎保温，成年大树要进行冬挖伏刨树盘地。因山茱萸根系分布较浅，应及时培土垄萸。

2. 种植方法

（1）种子繁殖　种子处理：山茱萸种子的外壳坚硬，且其内含一种半透明的黏液树脂，不易透水，常影响种子吸水膨胀，因此播前必须采用温汤浸种、人尿浸种、层积处理的方法进行种子处理。温汤浸种是用60～70℃的热水浸种2天，晾干后播种。人尿浸种是先用人尿浸种15～20天，再用鲜牛马粪与种子按2：1的比例拌匀，在向阳处挖深30厘米左右的土坑，坑底铺上干草，将拌好畜粪的种子置坑内干草上，当种子堆积到距地面15厘米左右时，及时盖上1层干草，并覆细土30厘米左右，至翌年4月上旬当有30%～40%的种子萌芽时，即可播种。层积处理是在向阳的地方挖长2米，宽1米，深24厘米的坑，每坑放种子50千克，操作前将坑整平，先铺1层细沙，上铺1层种子，再放1层细沙，如此反复铺放3层，最上1层铺沙0.3厘米厚，坑口留1.3厘米深，以利保墒，待春季山茱萸种芽长约0.3厘米时播种。

（2）压条繁殖　压条育苗法，即早春芽萌动前，选择10～15年生健壮、无病虫害、早实、丰产、优质的树作为母树。将根际周围萌蘖的枝条或树干上靠近地面的枝条弯曲固定，将入地枝条的阴面部割伤，埋入提前翻松并施有腐熟厩肥的土壤中，枝条前端露出地面，这样处理有利于所压部位生根。翌年春季或秋季，将生根的压条割离母树，在选好的地点定植。

（3）扦插繁殖　扦插时间以5月份为宜。一般选择头年生枝条插穗长15～20厘米，枝条上保留4片叶，多余的摘去，插穗上口横切，下口斜削，刀片要消毒。苗床面宽1米，用腐殖质土和细沙各1/2掺合，整平略压。按20厘米行距开沟，深12～16厘米，将插穗按株距8～10厘米挖入沟内，覆土12～16厘米，并压实，浇足水，扣上农用塑膜棚，棚内气温保持在26～30℃，相对湿度60%～80%，透光度25%，每日洒水2～3次，始终保持床面湿润。90～110天可生根，已形成冬眠芽，深秋冬初或翌年早春起苗定植，成活率可达72%～80%。

3. 田间管理

（1）苗期管理　出苗前保持土壤湿润，防止地表干旱板结，见草就除。苗高15厘米时，可结合锄草追肥1次，并按株距8～10厘米间苗、定苗。入冬前浇1次防冻水，并加盖稻草或牛马粪。

（2）定植后管理　每年中耕除草4～5次，春、秋两季各追肥1次。10年以上大树每株施人粪尿5～10千克，施肥时间以4月中旬幼果初期效果为佳。

幼树高1米左右时，2月间打去顶梢，以促进侧枝生长。幼树期，每年早春将树基丛生枝条剪去。修剪以轻剪为主，剪除过密、过细及徒长的枝条。主干内侧的枝条，可在6月间采用环剥、摘心、扭枝等方法，削弱其生长势，促使养分集中，以达到早结果的目的。幼树每年培土1～2次，成年树可2～3年培土1次。若根部露出地表，应及时壅根。在灌溉方便的地方，1年应浇3次大水。第1次在春季发芽开花前，第2次在夏季果实灌浆期，第3次在入冬前。

4. 病虫害防治

山茱萸病虫害主要有灰色膏药病、白粉病、木橑尺蠖、蛀果蛾、炭疽病、大衰蛾、蝗虫，可采用农业措施和化学药剂相结合的办法进行防治。

（1）灰色膏药病　灰色膏药病的症状是病菌菌丝在皮层上形成圆形、椭圆形或不规则形膜，酷似贴在树干或枝条上的膏药，危害严重时常致使被害树干或枝条逐渐衰弱枯死。

多发生在20年以上的老树树干和枝条上，通风不良的潮湿地方或树势衰老时，发病尤重。

防治方法　培育实生苗，砍去有病老树；对轻度感染的树干，用刀刮去菌丝膜，涂上石灰乳或5波美度的石硫合剂；5～6月发病初期，用1：1：100的波尔多液喷施。

（2）白粉病　主要危害叶片，受害叶表面有白粉层，系白粉菌的菌丝体和分生孢子；7～8月多发。发病初期，可用50%托布津1000倍液或生物制剂武夷菌素300倍液喷雾防治。

（3）木撩尺蠖　幼虫咬食叶片，仅留叶脉，造成枝干光秃，树势衰弱，在7月上旬至10月上旬危害严重。

防治方法　开春后，在树干周围1米范围内挖土灭蛹；在幼虫发生初期用苏云金杆菌（Bt）2250～3000克/公顷稀释300～500倍喷雾。

（4）蛀果蛾　9～10月以幼虫危害果实。可于8～9月羽化盛期用0.5%溴氰菊酯乳油5000～8000倍液或20%杀灭菊酯乳油2000～4000倍液喷雾防治，并用2.5%敌百虫粉剂和2%甲胺磷颗粒剂按1：400混合后施入土壤杀蛹防治。

（5）炭疽病　6～7月始发，危害幼果。

防治方法　冬季清洁田园；发病初期，用1：1：100波尔多液喷雾；选育抗病品种。

（6）大衰蛾　6～8月多发，以幼虫危害叶片，10～20年生的树较易发生。

防治方法　人工捕杀，即于冬季落叶后，摘取悬挂在枝上的虫囊杀之；放养蓑蛾瘤姬蜂等天敌；发生期用80%敌敌畏800倍液或90%敌百虫800倍液喷雾。

（7）蝗虫　咬食叶片使之成缺刻或孔洞状，6～7月最盛。

防治方法　入秋后至翌年4月上旬结合积肥铲土沤肥杀灭卵粒；用48%乐斯本乳油1000～2000倍液于露水干后喷雾；1～2龄集中为害时人工捕杀。

五、采收加工

1. 采收

山茱萸果熟期为9～10月，通常在"霜降"到"冬至"间果实外表成鲜红时采收（图2）。

2. 加工

加工方法、在生产区主要有以下几种：①火烘，将果实放入竹筐内，用文火烘（防止烘焦），烘到果皮膨胀，冷却后捏去种子，将果肉晒干或烘干即成（图3）。②水煮（图4），将鲜果放入沸水中煮10～15分钟，注意翻动，到能用手捏出种子为度，再将果实从

图2　山茱萸采收　　　　　　　　　　　图3　山茱萸晾晒

图4　山茱萸产地传统加工（水煮）

水中捞出捏出种子，将果肉晒干或烘干。③水蒸，将果实放入蒸笼内以水蒸气蒸5分钟，取出稍晾后捏去种子，将果肉晒干或烘干。④舒展整形，上述方法待果肉半干时，上下翻动并逐一整形，注意分开相互黏结的果肉饼团，尽量使每个果肉保持原果形，略压扁。⑤精选分级，果肉充分干燥以后，筛除其中破碎、异样、体小的部分另装，选留形状整齐、均匀一致的成品贮藏待销。

六、药典标准

1. 药材性状

　　本品呈不规则的片状或囊状，长1～1.5厘米，宽0.5～1厘米。表面紫红色至紫黑色，皱缩，有光泽。顶端有的有圆形宿萼痕，基部有果梗痕。质柔软。气微，味酸、涩、微苦。

2. 显微鉴别

　　本品粉末红褐色。果皮表皮细胞橙黄色，表面观多角形或类长方形，直径16～30微米，垂周壁连珠状增厚，外平周壁颗粒状角质增厚，胞腔含淡橙黄色物。中果皮细胞橙棕色，多皱缩。草酸钙簇晶少数，直径12～32微米。石细胞类方形、卵圆形或长方形，纹孔明显，胞腔大。

3. 检查

（1）杂质（果核、果梗）　不得过3%。

（2）水分　不得过16.0%。

（3）总灰分　不得过6.0%。

（4）重金属及有害元素　照铅、镉、砷、汞、铜测定法测定，铅不得过5毫克/千克；镉不得过1毫克/千克；砷不得过2毫克/千克；汞不得过0.2毫克/千克；铜不得过20毫克/千克。

4. 浸出物

照水溶性浸出物测定法项下的冷浸法测定，不得少于50.0%。

七、仓储运输

1. 仓储

（1）箱装或麻袋贮藏　商品山茱萸肉数量大时多用瓦楞纸箱装，内衬防潮纸，箱外套麻布或麻袋，捆扎井字形。亦有用麻袋或木箱包装。包装后宜放置阴凉干燥处保存，以防受潮，但也不宜过分干燥，以免失去油润性。一般贮藏温度26～28℃，相对湿度70%～75%，商品山茱萸肉安全水分13%～16%。

（2）生石灰夹层贮藏　商品山茱萸肉数量不大时可用此法，其优点是简单可行，便于掌握，效果好。先将容器（如缸）用水洗净并使干燥，然后在缸底铺约70厘米厚的生石灰，上面盖一层草纸，再铺商品山茱萸肉3～7厘米厚，上面再盖草纸，草纸上再放生石灰，这样生石灰与山茱萸肉相间放置直至装满，最后在最上层盖约7厘米厚的生石灰，用盖密封。用时先去掉石灰，再取山茱萸肉，一层一层使用，并随时加盖密封。

（3）贮藏期间应注意的问题　商品山茱萸肉易发霉、虫蛀。贮藏期间应定期检查，发现果皮发黏变软或发热，应尽快摊放于阴凉处，散热干燥后，装包码成通风垛，有条件的可用吸潮剂或吸潮机吸潮降湿。发现虫蛀用磷化铝熏蒸，或密封抽氧气充氮养护。山茱萸肉生霉后，若还可供药用，可用醋喷洗去霉，一般10千克山萸肉用醋0.5～0.6千克。

2. 运输

山茱萸的运输应遵循及时、准确、安全、经济的原则，将固定的运输工具清洗干净，将成件的商品山萸肉捆绑好，遮盖严密，及时运往贮藏地点，不得雨淋、日晒、长时间滞留在外，不得与其他有毒、有害物质混装，避免污染。

八、药材规格等级

本品呈不规则的片状或囊状，长1～1.5厘米，宽0.5～1厘米。皱缩，质柔软，有光泽。气微，味酸、涩、微苦。

（1）一等　表面鲜红色，每千克暗红色≤10%。无杂质，无虫蛀，无霉变（图5）。

（2）二等　表面暗红色，每千克红褐色≤15%。杂质≤1%，无虫蛀，无霉变（图6）。

（3）三等　表面红褐色，每千克紫黑色≤15%。杂质≤2%，无虫蛀，无霉变（图7）。

（4）四等　表面紫黑色。每千克杂质＜

图5　山茱萸一等

图6　山茱萸二等

图7　山茱萸三等

3%，无虫蛀，无霉变（图8）。

（5）统货　表面鲜红、紫红色至紫黑色。每千克杂质＜3%，无虫蛀，无霉变（图9）。

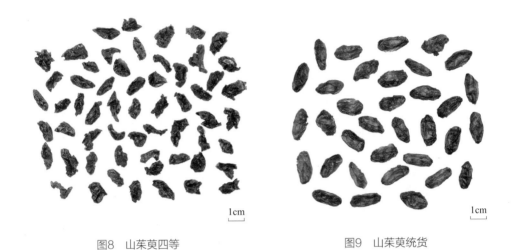

图8　山茱萸四等　　　　　　　　　　　图9　山茱萸统货

九、药用食用价值

1. 临床常用

山茱萸为我国传统珍稀药材和临床常用中药，近年来，其在临床上的应用越来越广。对山茱萸化学成分的研究表明：山茱萸果肉中主要含有多糖、有机酸、黄酮、鞣质、皂苷、内酯、挥发油、蛋白质、维生素、脂肪油、氨基酸和微量元素等；果核内含有糖、蛋白质、脂肪、粗纤维、矿物质及微量元素。果肉及果核都可以入药，山茱萸具有增强免疫力、抗菌、抗炎等作用。山茱萸总苷是一种免疫抑制剂；山茱萸多糖对疼痛和慢性炎症有明显的抑制作用；山茱萸提取液具有十分明显的抗心律失常作用；山茱萸流浸膏对麻醉犬有利尿降压的作用。另外，山茱萸的中药作用还表现在降血糖、抗氧化及抗衰老、保肝护胃、抗休克等方面。

2. 食疗及保健

山茱萸除作药用外，在成熟后，果实肉质脆嫩，味道酸甜略带涩味，山区群众直接以鲜果作食用。山茱萸鲜果营养成分极为丰富，果肉中含有丰富的糖、维生素、氨基酸、矿物元素和微量元素。山茱萸可加工成饮料、果酱、蜜汁罐头等多种保健食品。

参考文献

[1] 路跃琴. 山茱萸栽培技术[J]. 现代农业科技, 2014（19）：108–109.

[2] 王彦仓. 山茱萸栽培技术[J]. 甘肃农业科技, 2004（11）：50–51.

[3] 苏书勤, 苏良杰. 山茱萸栽培技术[J]. 现代种业, 2004（5）：20.

[4] 姜保本, 朱小强, 许君莉. 山茱萸采收、加工与贮藏技术[J]. 陕西农业科学, 2006（3）：152–153.

[5] 段亮亮, 崔永霞, 王利丽, 等. 山茱萸商品规格与其色素、多糖、总有机酸含量的相关性研究[J]. 中医研究, 2017, 30（4）：76–78.

[6] 李祎辰, 谭雪红. 山茱萸的生态特性、栽培技术及药用价值浅析[J]. 现代园艺, 2018（9）：38–39.

[7] 黎章矩, 钱莲芳, 李泽民, 等. 山茱萸的药用、营养价值与开发前景[J]. 浙江林学院学报, 1992, 9（3）：364–370.

[8] 张霞忠. 山茱萸的应用价值与栽培技术[J]. 现代农业科技, 2010（15）：173–174.

[9] 黄琳. 山茱萸GAP标准操作规程[J]. 安徽农业科学, 2010, 38（28）：15618–15620.

[10] 黄璐琦, 詹志来, 郭兰萍. 中药材商品规格等级标准汇编（第一辑）[S]. 北京：中国中医药出版社, 2019：399–405.

天麻
tian ma

本品为兰科植物天麻*Gastrodia elata* Bl. 的干燥块茎。

一、植物特征

多年生寄生草本。块茎肥厚，肉质，长圆形，长约10厘米，直径3～5厘米，有时更大，具较密的节。茎直立。叶呈鳞片状，下部短鞘状抱茎。总状花序顶生，花橙黄色、淡黄色、蓝绿色或黄白色；花梗短，长7～12毫米；苞片膜质；花被管歪壶状，先端5裂，裂片三角形；唇瓣高于花被管的2/3，具3裂片；合蕊柱长5～6毫米，先端具2个小的附属物；子房倒卵形，子房柄扭转。蒴果。种子呈粉末状。花期、果期5～7月。（图1）

图1　天麻

二、资源分布概况

天麻广泛分布于四川、贵州、云南、陕西、湖北、甘肃、安徽、河南、河北、江西、湖南、广西、吉林、辽宁等地。主产于贵州毕节、大方、黔西、贵定、赫章、都匀、遵义、四川荥经、古蔺、叙永、宜宾、雷波、马边、通江、茂县、乐山、洪雅、雅安、茂汶、汶川，云南昭通、彝良、镇雄、永善、大关、绥江、盐津、鲁甸等地。此外，陕西汉中、安康、商雒，甘肃甘南、文县、陇南，河南西峡、卢氏、桐柏，吉林浑江、抚松、临江、通化及安徽岳西、金寨、霍山也有分布。

三、生长习性

天麻性喜凉爽、湿润环境，多生于高海拔的林下阴湿、腐殖质较厚的地方。现多为人工栽培。因其根系肉质，对多石质土壤穿插能力较弱，宜在腐殖质丰富、疏松肥沃的砂质壤土栽培，且土壤pH 5.0～6.0为佳。天麻无根，无绿色叶片，不能进行光合作用，只能依赖于入侵体内的蜜环菌菌丝取得营养。此外，天麻还怕冻、怕高温、怕旱、怕积水。其最适生长温度为20～25℃，当地温低于8℃或高于30℃时，天麻几乎停止生长。

四、栽培技术

1. 选地整地

（1）选地　天麻栽培地的选择应考虑天麻与蜜环菌的生长要求，所以宜选择土质疏松、排水良好、富含有机质的砂质土壤或腐殖土壤，且pH 5.0～6.0为佳。考虑到天麻对阳光的习性，应选择半阴半阳坡地作栽培地。因天麻忌连作，栽培地应选择新地或间隔年限5年以上的地块。

（2）整地　天麻对整地要求不严，只需砍掉过密的杂树、灌木，挖掉大块石头，清除土表渣滓，便于操作即可，不需要翻挖土壤。

2. 培育菌材

大别山区在天麻播种前3～5个月培养菌材较合适。蜜环菌是天麻生长的营养基础，因此，菌材的质量直接影响天麻产量的高低。一般阔叶树都可用来作培养蜜环菌的材料，但以槲、栎、板栗、栓皮栎等树种为佳，林地腐殖质土层含水量在50%以上才能生长良好。在蜜环菌培养前20～30天砍伐木材，晒至半干或脱水20%～30%后，将直径5～8厘米的枝干截成长50～80厘米的菌材。菌材下窖平行排开，间隔1～2厘米，中间用砂壤土填实，然后将蜜环菌点播在树皮上，菌材两头都要放置，50千克菌材用蜜环菌1千克，播好后用河沙或砂壤土覆盖，覆盖厚度10～15厘米，然后开好排水沟。培养前，对栽培天麻使用的所有木材用0.25%～2.00%的硝酸铵溶液浸泡30分钟左右，旨在为蜜环菌提供氮源，促使后者能尽快侵入木材。

3. 种植方法

（1）无性繁殖　无性繁殖分冬栽和春栽两种，冬栽在10～11月，春栽在3～4月。有文献显示晚秋栽麻最好，即天麻休眠期间，宜采取无性繁殖的方式来栽培。生产中常选择完整新鲜、无创伤、无病虫害的白麻或米麻作为种麻。栽培方法主要有菌床种植法、菌材伴栽法和菌材加新材法3种。天麻田间种植见图2。

菌床种植法：挖开培育好的固定苗床，除最底层菌材不动外，将上层菌材全部取出，以10厘米为间隔栽种麻种。麻种应栽在菌材两端及侧边紧靠菌棒的位置，使麻种的生长点向外生长，一般每根菌棒上栽种3～5个麻种。栽种后，用砂土填实空隙，盖上1层树叶，再在同样的位置栽种第2层菌材，最后盖土15～20厘米，覆树叶压实。若菌材充裕，可在第3层上方摆放1层新材，以备翌年使用。

菌材伴栽法：挖坑，整平沟底后，撒铺10厘米厚腐殖土或湿树叶，平摆菌材，菌材间相隔5～8厘米，把麻种贴靠在菌材菌索上，用腐殖土填实空隙。

菌材加新材法：在菌材紧缺的情况下或种植经验成熟时可采用此法。挖坑填湿树叶后，将菌材和新材相间摆放，填半沟土，材间间距和麻种的摆放同菌床种植法。在菌材和新材的空隙处夹放树枝和菌枝树根，用土覆盖压实后，再上盖15～20厘米砂土压实，覆落

图2　天麻田间种植

叶杂草保湿。

（2）有性繁殖　天麻的一代生长主要包括4个阶段，种子萌发形成原球茎，再发育形成米麻或白麻，进而发育形成箭麻，最后箭麻抽薹、开花、结果、形成种子。

人工授粉：人工授粉宜在开花前1天或开花后的2天内完成，授粉时间一般在当天10～14时，雨天及露水未干时不宜授粉。天麻的授粉可以同株同花授粉，也可以同株异花授粉，但

图3　天麻人工授粉

以异株异花授粉为宜。因天麻上部花序密而小，不宜授粉，授粉前应打顶除去，以减少母麻的养分消耗（图3）。

拌种：将萌发菌（紫萁小菇）栽培种撕成单片，放入拌种盆内，将成熟的天麻种子，均匀播撒在撕好的萌发菌上，搅拌至每片萌发菌叶片上都粘有天麻种子。将拌好种子的萌发菌装进塑料袋，室温避光放置3～5天，待萌发菌重新萌发后备用。天麻种子采收后应及时播种，如需要短期贮存，应将种子用牛皮纸装起来置于0～4℃冰箱保存，也可拌萌发菌室温保存，保存时间最好不超过1周。

4. 田间管理

（1）防旱　天麻块茎的含水量为71%～88%。但由于天麻无根，无法从深层土壤中吸收水分，因此，天麻对干旱反应十分灵敏。春旱时，在天麻栽培穴上覆盖一层10～15厘米

厚的树叶或玉米秆、稻草、杂草，再盖上一层塑料薄膜，能有效地抗旱保湿。6～8月是天麻生长的旺盛期，应保持土壤含水量在50%以上，如遇干旱无雨应及时采用喷灌或淋灌浇水防旱，一般每隔3～4天浇水1次。此外，夏季还可通过拆去塑料薄膜，留下树叶或玉米秆、稻草、杂草进行遮阴保温，防止下雨致使沙土板结，可增加土壤透气性。

（2）防涝　在生长旺盛的夏季，天麻需水量较大。一般而言，夏季雨水多，对正在旺盛生长的天麻是有利的；但暴雨后，若积水2～4天就会造成天麻块茎腐烂。因此，应妥善做好排水工作，特别是底部土层排水不良或地势低洼之处。

此外，秋涝对天麻生长的影响更甚。梅雨季节使天麻生长速度减慢，提前进入休眠期，然而蜜环菌仍在生长，因新生麻丧失抵御蜜环菌侵染的能力，很容易造成幼嫩新生麻的腐烂。因此，9月下旬至10月应在栽培地开挖排水沟防涝，10月下旬减少或停止人工浇水，切忌"宁可干旱而勿涝"。

（3）防冻　天麻对低温有一定的忍耐性。入冬后，随着气温的缓慢降低，天麻抗寒能力逐步增强。一般而言，越冬期间，天麻在土壤中可忍耐–4～0℃的低温，但若遇骤然降温，天麻很可能受到冻害。因此，麻农应在冬季采取加盖塑料薄膜、搭建温棚或增加日照时数等措施对天麻进行保温增温，谨防入冬后的第一次寒流及开春后的"倒春寒"。

（4）防高温　天麻和蜜环菌最适生长温度为20～25℃，当地温高于30℃时，蜜环菌和天麻将进入休眠状态。因此，低海拔炎热地区，应搭遮荫棚或厚盖树叶、秸秆，并喷水降温，缩短天麻的高温休眠期。

5. 病虫害防治

（1）病害　对天麻产量影响较大的病害主要有两类（表1）：一类是杂菌侵染性病害，即因受到有害微生物侵染而引起的病害；另一类是生理性的块茎腐烂病。

表1　天麻常见病害现象及其防治方法

病害种类	病害现象	防治方法
杂菌侵染性病害	在菌材或天麻表面呈片状或点状分布，部分发黏并有霉菌味，影响蜜环菌及天麻的正常生长，易造成天麻腐烂	①选用新鲜木材培养菌材，尽可能缩短培养时间 ②天麻的培养土要填实，不留空隙，保持适宜温度、湿度，可减少霉菌发生 ③加大蜜环菌用量，形成蜜环菌生长优势，抑制杂菌生长 ④凡碰伤、霉烂麻种，重者废弃，轻者刮去；或用酒精、多菌灵、高锰酸钾溶液等局部消毒；亦可用5%左右的石灰水浸泡后再用

病害种类	病害现象	防治方法
块茎腐烂病	早期：染病块茎皮部萎黄或呈紫褐色；后期：中心腐烂，掰开茎，内部变成异臭稀浆状	①选择荒地栽天麻，减少重茬引起的杂菌危害 ②选择排水良好的种植地，保持菌塘湿度适宜 ③选择完整、无破损、色泽鲜的白麻做麻种 ④选择优质的蜜环菌菌种培养菌塘

（2）虫害　主要为蚜虫，具体见表2。

表2　天麻常见虫害现象及其防治方法

害虫种类	虫害现象	防治方法
蛴螬	在地下将天麻咬食成空洞，并在菌材上蛀洞越冬，毁坏菌材	①播种或栽植前，将50%辛硫磷乳油30倍液喷于穴或畦面再翻入土中 ②成虫盛发期：用50%辛硫磷乳油700～1000倍液在穴内或畦内浇灌；用25克氯丹乳油拌炒香的麦麸5千克加适量水配成毒饵，傍晚撒于天麻穴或畦表面诱杀 ③在天麻地附近设置黑光灯诱杀成虫
蝼蛄	以成虫或若虫为害，咬食天麻块茎	毒饵诱杀，将0.15克90%的敌百虫磷酸酯兑水稀释30倍液拌制成毒饵，傍晚撒于天麻穴或畦表面诱杀
蚜虫	主要危害天麻花薹和花朵	①彻底清除杂草，减少其迁入的机会 ②20%氰戊菊酯乳油10～20毫升/亩喷雾防治
蚂蚁	在麻穴中大量孳生，以菌材、蜜环菌和幼嫩天麻为食，使蜜环菌和天麻遭到损害，易感染杂菌、病变或腐烂	①经常清除周围枯枝落叶，不留垃圾，减少蚂蚁孳生 ②用灭蚁灵诱杀 ③80%亚砷酸加15%水杨酸和5%氧化铁或60%亚砷酸，再加40%滑石粉配成粉药，沿着蚁路寻找蚁穴，施药杀害；在栽培场地四周或菌材及鲜材上放几块松木板，引蚂蚁到松木板上予以消灭
老鼠	在菌塘下打洞筑穴并咬坏天麻块茎；同时打洞造成的空气进入使菌材感染杂菌，破坏天麻的生长环境	①利用天敌 ②利用捕鼠夹、捕鼠笼等器械 ③用磷化锌、溴敌隆等制成毒饵，傍晚放置田埂或鼠洞周围，每5米放置一堆，于第2天和第3天分别进行补投，补投至害鼠停止取食为止

五、采收加工

1. 采收

因天麻在休眠期间，体内的养分积储量最为丰富，所以天麻的采收宜在休眠期进行。冬栽天麻一般第2年冬季或第3年春季采挖；春栽者则在当年冬季或第2年春季采挖。采收时应先取菌材，后取天麻、箭麻作药，白麻作种（图4）。

图4 天麻采收

2. 加工

天麻采收后应及时加工，趁鲜除去泥沙，清洗时天麻不去鳞片，不刮外皮，且应小心保护顶芽，避免损伤。洗净的天麻放置时间不能过长或过夜，应及时按大小分级，蒸煮。150克以上的大天麻煮10～15分钟，100～150克煮7～10分钟，100克以下煮5～8分钟，直至天麻体肉透明，无黑心。天麻煮透后随即转熏蒸，用硫黄熏20～30分钟，后用文火烘烤，炕上温度开始以50～60℃为宜，至7～8成干时，用木板将麻体压扁，继续上炕，此时温度应在70℃左右，待天麻全干后，立即出炕（图5）。

天麻漂洗　　　　　　　天麻蒸煮　　　　　　　天麻晾晒

天麻块茎晾晒　　　　　天麻片晾晒　　　　　　天麻片分级

图5 天麻加工

六、药典标准

1. 药材性状

本品呈椭圆形或长条形，略扁，皱缩而稍弯曲，长3～15厘米，宽1.5～6厘米，厚0.5～2厘米。表面黄白色至黄棕色，有纵皱纹及由潜伏芽排列而成的横环纹多轮，有时可见棕褐色菌索。顶端有红棕色至深棕色鹦嘴状的芽或残留茎基；另端有圆脐形疤痕。质坚硬，不易折断，断面较平坦，黄白色至淡棕色，角质样。气微，味甘。

2. 显微鉴别

（1）横切面 表皮有残留，下皮由2～3列切向延长的栓化细胞组成。皮层为10数列多角形细胞，有的含草酸钙针晶束。较老块茎皮层与下皮相接处有2～3列椭圆形厚壁细胞，木化，纹孔明显。中柱占绝大部分，有小型周韧维管束散在；薄壁细胞亦含草酸钙针晶束。

（2）粉末特征 粉末黄白色至黄棕色。厚壁细胞椭圆形或类多角形，直径70～180微米，壁厚3～8微米，木化，纹孔明显。草酸钙针晶成束或散在，长25～75（～93）微米。用甘油醋酸试液装片观察含糊化多糖类物的薄壁细胞无色，有的细胞可见长卵形、长椭圆形或类圆形颗粒，遇碘液显棕色或淡棕紫色。螺纹导管、网纹导管及环纹导管直径8～30微米。

3. 检查

（1）水分 不得过15.0%。

（2）总灰分 不得过4.5%。

（3）二氧化硫残留量 不得超过400毫克/千克。

4. 浸出物

照醇溶性浸出物测定法项下的热浸法测定，用稀乙醇作溶剂，不得少于15.0%。

七、仓储运输

1. 仓储

子麻越冬储藏时，应放在0～6℃的室内或地下室。空气温度应在45～55℃之间。

仓库储藏条件应干燥、通风、避光和有防护设施，保持仓库温度不得超过25℃，相对湿度低于60%。

天麻包装应存放在货架上，货架要坚固，堆放易检查，消毒处理方便，货架底层距离地面不得少于20厘米。

2. 运输

天麻批量运输时，不应与其他有毒、有害物质混装；运输容器应具有较好的通气性，以保持干燥；遇阴天应严密防潮。

八、药材规格等级

大别山地区主要种植红天麻（图6），按采收时间分冬麻和春麻，其等级标准如下。

1. 冬麻

长圆柱形或长条形，略扁，稍弯曲，肩部窄，不厚实。长6～15厘米，宽1.5～6厘米，厚0.5～2厘米。表面灰黄色或浅棕色，纵皱纹细小。"芝麻点"小且少，环节纹浅且较细，且环节较稀而多，一般为15～25节。"鹦哥嘴"呈红棕色，较肥大。"肚脐眼"较粗大，下凹不明显。质坚硬，不易折断，断面较平坦，黄白色至淡棕色，角质样，一般无空心。气微苦，略甜。

（1）一等　每千克16支以内，无空心、枯炕。无变色，无走油，无虫蛀，无霉变，无杂质（图7）。

1cm

图6　红天麻

1cm

图7　冬麻一等

（2）二等　每千克25支以内，无空心、枯炕。无变色，无走油，无虫蛀，无霉变，无杂质（图8）。

（3）三等　每千克50支以内，大小均匀，无枯炕。无变色，无走油，无虫蛀，无霉变，无杂质（图9）。

（4）四等　每千克50支以上，以及凡不合一等、二等、三等的碎块、空心、破损天麻均属此等。无变色，无走油，无虫蛀，无霉变，无杂质（图10）。

2. 春麻

统货　长圆柱形或长条形，扁，弯曲皱缩，肩部窄，不厚实。长6～15厘米，宽1.5～6厘米，厚0.5～2厘米。多留有花茎残留基，表皮纵皱纹粗大，外皮多未去净，色黄褐色或灰褐色，体轻，质松泡，易折断，断面常中空。无变色，无走油，无虫蛀，无霉变，无杂质（图11）。

1cm

图8　冬麻二等

1cm

图9　冬麻三等

1cm

图10　冬麻四等

1cm

图11　春麻统货

九、药用食用价值

1. 临床常用

天麻首载于《神农本草经》，曰："杀鬼精物，蛊毒恶气，久服益气力，长阴肥健"，可见天麻能治疗脑神经疼痛，具有镇静安眠等作用。现代药理学证明：天麻性平味甘，具有息风止痉，平抑肝阳，祛风通络的功效，可用于小儿惊风，癫痫抽搐，破伤风，头痛晕眩，手足不遂，肢体麻木，风湿痹痛等症。

2. 食疗及保健

现代药物分析表明，天麻含有天麻素、香草醛、香草醇、对羟基苯甲醛、琥珀酸、谷甾醇等10余种活性成分，锌、铁、钴、锰等14种人体必需的微量元素以及多种人体不能自行合成，但对脑神经和肝脏有补益作用的氨基酸。且天麻营养丰富，适口性好。随着天麻人工栽培技术的突破性进展，天麻的保健品、食品开发也逐渐得到了重视，现市场上63%的营养保健品都含有天麻成分，以天麻为主料加工制作的肉类、禽类已成为药膳主流之一。天麻佳肴不仅具有较高的营养价值，还能起到滋补保健的作用。研究表明，经常食用天麻能延缓衰老，增强学习记忆能力，促进心肌细胞能量代谢，改善心肌血循环等。

参考文献

[1] 张伟. 林下天麻人工栽培丰产技术[J]. 防护林科技，2017（3）：124–125.

[2] 孙宗军. 仿野生天麻栽培技术要点及市场效益探析[J]. 山西农经，2017（1）：59.

[3] 商崇远. 天麻高产优质栽培技术[J]. 北京农业，2014（33）：10.

[4] 王丽，马聪吉，吕德芳，等. 云南昭通天麻仿野生栽培技术的规范化管理[J]. 中国现代中药，2017，19（3）：408–414.

[5] 亓琳，侯淑丽. 天麻高产栽培技术[J]. 人参研究，2018，30（1）：36–38.

[6] 祝友春，桑子阳，杨武松，等. 天麻的有性繁殖栽培技术[J]. 湖北林业科技，2015，44（4）：76–77，90.

[7] 牧国立，辛建召，周大林. 伏牛山区天麻人工露天栽培技术[J]. 现代农业科技，2016（15）：92–93.

[8] 胡荣丽. 天麻栽培管理技术分析[J]. 农业与技术，2015，35（4）：111.

[9] 杨先义，施金谷，余刚国，等. 天麻种植技术[J]. 农业与技术，2016，36（23）：112–114.

[10] 罗光明，刘合刚. 药用植物栽培学[M]. 上海：上海科学技术出版社，2013：169–171.

[11] 邢康康，张植玮，涂永勤，等. 天麻的生物学特性及其栽培中的问题和对策[J]. 中国民族民间医药，2016，25（14）：29–31.

[12] 吴迎福，王亚蓉，孙远彬，等. 天麻种子野外育种与培育[J]. 林业科技通讯，2017（8）：24–26.

[13] 施金谷，杨先义，余刚国，等. 大方县天麻栽培田间管理技术[J]. 南方农业，2016，10（24）：53–54，56.

[14] 石富和. 天麻病虫害防治技术[J]. 农村新技术，2016（10）：21.

[15] 黄淑敏，李世荣，黄祖兴，等. 长白山区乌天麻高产高效栽培技术[J]. 人参研究，2016，28（3）：42–45.

[16] 赵勇. 浅析天麻的现代栽培技术[J]. 农技服务，2016，33（10）：66.

[17] 贺瑞龙. 天麻采收加工储藏技术[J]. 中国食用菌，2000，19（4）：38.

[18] 张利国，张权，于丽英，等. 天麻的价值市场调查及建议[J]. 特种经济动植物，2008（9）：39–42.

[19] 孙宗军. 仿野生天麻栽培技术要点及市场效益探析[J]. 山西农经，2017（1）：59.

[20] 郑小江，刘金龙. 天麻保健饮料生产技术研究[J]. 食品科学，2005，26（9）：653–654.

[21] 黄璐琦，詹志来，郭兰萍. 中药材商品规格等级标准汇编（第一辑）[S]. 北京：中国中医药出版社，2019：79–88.

太子参

本品为石竹科植物孩儿参 *Pseudostellaria heterophylla*（Miq.）Pax ex Pax et Hoffm.的干燥块根。

一、植物特征

多年生草本。块根长纺锤形，白色，稍带灰黄色。茎直立，被2列短毛。茎下部叶常1～2对，上部叶2～3对，叶下面沿脉疏生柔毛。开花受精花1～3朵，腋生或呈聚伞花序；萼片5；花瓣5，白色；雄蕊10，短于花瓣；子房卵形，花柱3；柱头头状。闭花受精花具短梗；萼片疏生多细胞毛。蒴果顶端不裂或3瓣裂；种子褐色。花期4～7月，果期7～8月。（图1）

图1　孩儿参

二、资源分布概况

我国野生太子参主要分布于吉林、辽宁、内蒙古、河北、山东、河南、陕西、安徽、江苏、浙江、福建、湖北、四川、西藏等地。安徽省大别山区、江淮丘陵均有野生太子参分布。栽培太子参以安徽宣城、六安较为集中。其中，宣州区自1973年试种，该地区太子参"根粗壮，皮微黄，粉性足，气味正"，习称"宣州太子参"，为安徽省的特色药材之一。现常年种植面积在1000公顷左右，年产太子参药材约2000吨上下，已成为全国的主要产区之一。

三、生长习性

太子参喜温湿气候，抗寒力强，怕高温，忌强光。适宜土层深厚、疏松肥沃、排水良好的砂质土壤。2～3月出苗，随之现蕾开花；4～5月植株生长旺盛，地下茎逐节发根、伸长、膨大，即在平均10～20℃时生长旺盛；6月下旬，气温超过30℃时，植株开始枯萎，进入休眠越夏。太子参耐寒，块根在–17℃能安全过冬，但怕干旱、怕涝，积水易引发其发病烂根。

四、栽培技术

1. 选地整地

（1）选地　选择丘陵坡地或者地势较高的平地，土壤深厚、肥沃、排水良好的砂质壤土或腐殖质壤土，土壤中性偏微酸性。太子参最适土壤类型为不饱和薄层土、饱和黏磐土（黄棕壤）、深色淋溶土（黄壤、黄红壤）。其中，宣州处于红壤向黄棕壤的过渡地带，土色均匀，呈浅棕色至红棕色；大别山海拔800米以下是山地黄棕壤，均适合栽培太子参。

太子参忌重茬。为降低病原、减轻病害，每2～3年应实行1次轮作，前茬忌烟草、茄科、禾本科等作物，而以甘薯等作物为好。

（2）整地　栽种季节前将土壤深耕约20厘米，整平细耙，作为宽1.2～1.3米，高20～25厘米，沟距0.3～0.4米的畦。畦走向与坡向平行，以防水土流失，也有利于灌溉和排水。

2. 种植方法

（1）种参选择　参种应选芽头完整，参体肥大，整齐无伤痕，无病虫害的块根。凡断缺芽头块根，均不能做种。

（2）栽种时间　太子参栽培的时间在10～11月，最佳时间为10月下旬至11月中旬。过早则气温过高，参地易遇秋旱缺水，使种参失水而干枯。在10月下旬之前栽种，要考虑在参地使用稻草等覆盖物保墒。11月中旬之后栽种，则参芽过长，易碰断，且发根迟，影响产量。

（3）栽种密度　根据各品种特点，以行距20～25厘米、株距10～12厘米为宜。每亩约1.8万株。

（4）栽种方法　有卧栽法与竖栽法两种。卧栽法即将参种卧栽沟中，种参与种参头尾相接。竖栽法即将种参芽头向上，要求芽头位置一致，俗称"上齐下不齐"。按20～25厘米间距在畦面上横开种植沟，沟深约10厘米，将磷肥、钾肥混匀撒入沟中，薄盖细土，将种参平放在沟中，株距10～16厘米，种参头尾相接。再将推制的有机肥

盖在种参上，表层用细土整平。（图2）

（5）间作套种　两种种植模式：①在经果林或木本药材（如木瓜、吴茱萸等）幼树期套种太子参，既可实现短期见效，又促进了幼树生长；②太子参与农作物间作套种，5月下旬至6月初，在参地里扦插甘薯苗或套种晚熟黄豆，7、8月高温季节，甘薯或黄豆生长茂盛，有利种参越夏。（图3，图4）

3. 田间管理

（1）除草　太子参齐苗前后，浅锄松土除草。植株封行后，手工拔除大草。

（2）追肥　早春第一次锄草后要及时追肥，即每亩兑水浇施10千克尿素。

（3）培土　春季多雨，出苗后及时清沟培土。培土厚度1.5～2厘米以下，以利发根和不定根的生长。

（4）排灌　栽种后，若土壤干旱，可向畦间沟内灌水。春季做好清沟沥水，以免参根腐烂。

4. 病虫害防治

（1）叶斑病　在春夏多雨季节

图2　太子参田间种植

图3　太子参与延胡索间作套种

图4　太子参套种

易发生，严重时植株枯萎死亡。一般在发病前期用1∶1∶100的波尔多液，每10天喷洒一次，或用65%代森锌可湿性粉剂500～600倍液喷雾防治。

（2）根腐病　炎夏高温天气易发生。发病时用50%多菌灵或50%甲基托布津1000倍液浇灌病株。

（3）病毒病　受害植株叶片皱缩，是当前太子参产量不高的主要原因。用野生太子参块根繁殖可以减轻此病；但有试验表明，采用野参繁殖，第一年产量较低。亦可利用自然散落的种子进行原地育苗，以培育参种，减轻病毒病的发病率。

五、采收加工

1. 采收

6月下旬到7月中旬，植株已枯萎倒苗，应立即收获。可选择晴天，采挖前将地上枯萎植株、杂草清除，用五齿钉耙等农用工具沿厢横切面往下挖，深度20～25厘米，小心翻挖出太子参块根，剥除泥土，收集后装入清洁竹筐内或透气编织袋中。（图5）

图5　太子参采收

2. 加工

清洗干燥　在加工场地摊开分选，淘洗干净，薄摊于晒场或晒席上，日光下晒干，搓揉除去须根，扬净（图6）。

图6　太子参加工

六、药典标准

1. 药材性状

　　本品呈细长纺锤形或细长条形，稍弯曲，长3~10厘米，直径0.2~0.6厘米。表面灰黄色至黄棕色，较光滑，微有纵皱纹，凹陷处有须根痕。顶端有茎痕。质硬而脆，断面较平坦，周边淡黄棕色，中心淡黄白色，角质样。气微，味微甘。

2. 显微鉴别

　　木栓层为2~4列类方形细胞。栓内层薄，仅数列薄壁细胞，切向延长。韧皮部窄，射线宽广。形成层成环。木质部占根的大部分，导管稀疏排列成放射状，初生木质部3~4原型。薄壁细胞充满淀粉粒，有的薄壁细胞中可见草酸钙簇晶。

3. 检查

　　（1）水分　不得过14.0%。
　　（2）总灰分　不得过4.0%。

4. 浸出物

照水溶性浸出物测定法项下的冷浸法测定，不得少于25.0%。

七、仓储运输

1. 仓储

仓库应具有防虫、防鼠、防鸟的功能；要定期清理消毒和通风换气，保持洁净卫生；不应与非绿色食品混放；不应和有毒、有害、有异味、易污染物品同库存放；在保管期间如果水分超过14%、包装袋打开、没有及时封口、包装物破碎等，导致太子参吸收空气中的水分，发生返潮、结块、褐变、生虫等现象，必须采取相应的措施。

2. 运输

运输车辆卫生合格，温度在16～20℃，湿度不高于30%，具备防暑、防晒、防雨、防潮、防火等设备，符合装卸要求；不与其他有毒、有害、易串味物质混装。

八、药材规格等级

1. 选货

长纺锤形，较短，直立。表面黄白色，少有纵皱纹，饱满，凹陷处有须根痕。质硬，断面平坦，淡黄白色或类白色。气微，味微甘。无须根。

（1）一等　上中部直径≥0.4厘米，每50克块根数≤130个，个头均匀。无变色；无虫蛀；无霉变；杂质不得过3%。（图7）

（2）二等　上中部直径≥0.3厘米，每50克块根数≤250个，个头均匀。无变色；无虫蛀；无霉变；杂质不得过3%。（图8）

2. 统货

细长纺锤形或长条形，稍弯曲。表面黄

1cm

图7　太子参一等

图8 太子参二等　　　　　　　　　　　　图9 太子参统货

白色或棕黄色，纵皱纹明显，凹陷处有须根痕。质硬，断面平坦，淡黄白色或类白色。气微，味微甘。无变色；无虫蛀；无霉变；杂质不得过3%。（图9）

九、药用食用价值

1. 临床常用

太子参具有益气健脾，生津润肺的功能。可用于脾虚体倦，食欲不振，病后虚弱，气阴不足，自汗口渴，肺燥干咳等症。其主要化学成分是糖类、皂苷类、环肽类、甾酮类、油脂类、磷脂类、挥发油类、氨基酸类、脂肪酸类及微量元素等。现代研究证明，太子参具有抗应激、抗疲劳、降血糖、降血脂、抗氧化、抗肿瘤、改善记忆及增强免疫功能等作用。

用于多种中成药，如江中健胃消食片，复方太子参颗粒，太子参口服液、儿宝颗粒、小儿抗痫胶囊、乐儿康糖浆、肾衰宁胶囊、金果含片、金果饮、金果饮咽喉片、降糖甲片、胃肠复元膏、消炎止咳片、维血宁合剂、维血宁颗粒、渴乐宁胶囊等。

2. 食疗及保健

将太子参粉末添加到食品中，开发出太子参的系列产品，如枣汁即食太子参、姜汁太子参酥、杂锦太子参酥脆等。另外，太子参用于酿酒，在食品工业上利用其功能特点作为食品补充剂等。

参考文献

[1] 周涛，江维克. 太子参生产加工适宜技术[M]. 北京：中国医药科技出版社，2017.

[2] 杨俊，王德群，姚勇，等. 野生太子参生物学特性的观察[J]. 中药材，2011，34（9）：1323–1328.

[3] 吴朝峰，林彦铨. 药用植物太子参的研究进展[J]. 福建农林大学学报（自然科学版），2004，33（4）：426–430.

[4] 康传志，周涛，江维克，等. 我国太子参栽培资源现状及药材品质的探讨[J]. 中国现代中药，2014，16（7）：542–546.

[5] 宋叶，林东，杨金喜，等. 太子参化学成分及药理作用研究进展[J]. 中国药师，2019，22（8）：1506–1510.

[6] 徐媛. 抗疲劳太子参保健酒的研制与开发[D]. 福州：福建中医药大学，2014.

[7] 黄璐琦，詹志来，郭兰萍. 中药材商品规格等级标准汇编（第一辑）[S]. 北京：中国中医药出版社，2019：977–983.

dan shen

丹 参

本品为唇形科植物丹参*Salvia miltiorrhiza* Bge. 的干燥根和根茎。

一、植物特征

多年生草本，高30～100厘米。全株密被淡黄色柔毛及腺毛。茎四棱形，上部分枝。叶对生，奇数羽状复叶；小叶通常5，稀3或7片，两面密被白色柔毛。轮伞花序组成顶生或腋生的总状花序；苞片披针形；花萼近钟状，紫色；花冠二唇形，蓝紫色；发育雄蕊2，伸出花冠外，退化雄蕊2，着生于上唇喉部的两侧，花药退化成花瓣状，花盘前方稍膨大；子房上位，4深裂。小坚果熟时棕色或黑色。花期5～9月，果期8～10月。（图1）

图1　丹参

二、资源分布概况

丹参主要分布于河北、山西、陕西、山东、河南、江苏、浙江、安徽、江西及湖南等地。其野生资源日渐稀少，现主要以人工栽培品为主。安徽省江淮之间的皖东丘陵地区、皖南山区、皖西大别山区以野生居多，淮河以北平原地区以栽培为主。

三、生长习性

丹参喜温暖、湿润、阳光充足的环境。地下根部能耐寒，可露地越冬。苗期若遇高温、干旱天气，可使幼苗生长停滞甚至死亡。丹参根深，要求在土层深厚、排水良好、中等肥力的砂壤土种植，若土壤过于肥沃则参根反而不壮实；土壤酸碱度以近中性为好；过砂或过黏的土壤均不宜种植。丹参最忌水涝，在排水不良的低洼地栽培常易造成烂根。

四、栽培技术

1. 选地整地

（1）选地　丹参是深根植物，根部可深入土层0.3米以上。为利于根部生长、发育，宜选择肥沃、疏松深厚、地势略高、排水良好的土地种植。山地栽培宜选用向阳的低山坡。丹参对土壤要求不严，黄砂土、黑砂土、冲积土都可种植。

（2）整地 丹参为根类药材，生长期长，在整地时，先在地上施好基肥，尽量多施迟效农家肥和磷肥作基肥。最好每亩施腐熟栏肥2500～4000千克，翻入

图2 丹参田间种植

土中作基肥。种植前，再进行翻耙、碎土、平整、作畦。一般畦连沟宽2.5～3米，畦高15～25厘米。在地下水位高的平原地区栽培时，为防止烂根，需要开挖较深的畦沟；过长的畦，宜每隔20米距离挖1条腰沟，以保持排水畅通。丹参田间种植见图2。

2. 种植方法

（1）种子繁殖

①育苗移栽：丹参种子于6～7月间成熟，采摘后即可播种。在整理好的畦上按行距25～30厘米开沟，沟深1～2厘米，将种子均匀地播入沟内，覆土，以盖住种子为度，播后浇水，盖草保湿。用种量4～5千克/亩，15天左右可出苗。当苗高6～10厘米时，间苗；一般到11月左右即可定植于大田。北方地区在3月中下旬按行距30～40厘米开沟条播育苗，因丹参种子细小，盖土宜浅，以见不到种子为宜；播后浇水，盖地膜保温，半个月后在地膜上打孔出苗；苗高6～10厘米时，间苗；5～6月可定植于大田。1亩育苗地种苗可移植10亩大田。一般用种子繁殖的丹参生长期为16个月。

②直播：3月播种，采取条播法或穴播法。穴播法行距30～40厘米，株距20～30厘米，挖穴，穴内播种量5～10粒，覆土2～3厘米。条播法沟深3～4厘米，覆土2～3厘米；沟深1～1.3厘米时，覆土0.7～1厘米。播种量0.5千克/亩。如果遇干旱，播前浇透水再播种，半个月左右即出苗；苗高7厘米时，间苗。

（2）分根繁殖 分根繁殖的栽种时间一般在2～3月，也可在11月上旬立冬前栽种，冬栽比春栽产量高；要随栽随挖。选一年生健壮无病虫的鲜根作种，侧根为好，根粗1～1.5厘米。老根、细根不能作种，老根作种易空心，须根多；细根作种生长不良、根条小、产量低。按行距30～40厘米，株距20～30厘米开穴，穴深3～5厘米，穴内施入农家肥，每亩

1500～2000千克。将选好的根条切成5～7厘米长的根段，一般取根条中上段萌发能力强的部分和新生根条，边切边栽，栽时大头朝上、直立穴内，不可倒栽，每穴栽1～2段，盖土1.5～2厘米后压实，盖土不宜过多，否则妨碍出苗。每亩需种根50～60千克，栽后60天出苗。为使丹参提前出苗，延长生长期，可用根段催芽法，即于11月底至12月初挖25～27厘米深的沟槽，把剪好根段铺入槽中，厚约6厘米，盖土6厘米，上面再放6厘米厚的根段，再盖土10～12厘米厚，略高出地面，以防止积水。干旱时浇水，并经常检查根段，以防霉烂。第二年2月底至3月初，根段上部长出白色的芽，即可栽植大田。采用该法栽植，出苗快、齐，不抽薹，叶片肥大，根部生长充分，产量高。

（3）扦插繁殖　南方于4～5月，北方于6～8月，剪取生长健壮的丹参茎枝，截成17～20厘米长的插穗，剪除下部的叶片，上部留2～3片叶。在整好的畦内浇水灌透，按行距20厘米、株距10厘米开沟，将插穗斜插入土1/2～2/3，顺沟培土压实，搭矮棚遮阳，保持土壤湿润。一般20天左右插穗便可生根，成苗率90%以上。待根长3厘米时，便可定植于大田。

（4）芦头繁殖　3月中上旬，选无病虫害的健壮植株，剪去地上部分的茎叶，留长2～2.5厘米的芦头作种苗，按行距30～40厘米、株距25～30厘米、深3厘米挖穴，每穴1～2株，芦头向上，覆土以盖住芦头为度，适时浇水，40～45天后，即4月中下旬芦头即可生根发芽。

3. 田间管理

（1）中耕除草　出苗后，如果杂草较多，则进行第一次中耕除草；以后根据墒情和杂草生长情况，结合中耕松土除草1～2次。封行后可停止中耕除草。

（2）追肥培土　结合中耕除草追肥2～3次，第1～2次以氮肥为主，每亩施尿素10～12千克，第3次每亩施复合肥15～20千克，以促进根部生长发育。

（3）灌溉排水　丹参种植怕积水，雨季时应注意排水防涝。栽种后注意及时灌水，保持土地湿润，以利出苗。

（4）摘花打顶　丹参自7月下旬至8月将陆续现蕾开花，为使其养分集中于根部，除留种地外，分期摘除花蕾，最好在花序刚抽出1～2厘米时，就开始摘除，随见随摘，时间宜早不宜迟。

4. 病虫害防治

（1）根腐病　植株发病初期，先由须根、支根变褐腐烂，最后导致全根腐烂，外皮变为黑色，随着根部腐烂程度的加剧，地上茎叶自下而上枯萎，最终全株枯死。拔出病株，可见主根上部和茎地下部分变黑色，病部稍凹陷；纵剖病根，维管束呈褐色。病菌主要在病残体和土壤中越冬，可存活10年以上；病菌生长最适温度27～29℃，但地温15～20℃时最易发病。因此，土壤病残体为初侵染源，病菌通过雨水、灌溉水等传播蔓延，从伤口侵入，危害植株。该病是典型的高温高湿环境易发病，土壤含水量大，土质黏重，低洼地及连作地发病重。

防治方法 发现病株及时挖出，土壤用生石灰进行处理，并将病株集中销毁；也可以采用50%多菌灵800倍液灌根，每株灌液量250ml，连续2～3次。

（2）根结线虫病 根结线虫侵入根部后，刺激寄主细胞加快分裂，使根系受害部形成瘤状肿块。细根和粗根各部位的肿块大小不一，形状各异。瘤状体初为黄白色，外表光滑，以后变成褐色，最后破碎腐烂。剖开虫瘿，呈透明状，内含无色透明小粒。线虫寄生后，植株根系功能受到破坏，影响养分吸收，致使植株地上部分枯死。

防治方法 选择肥沃的土壤，避免沙性过重的地块种植，以减轻线虫病发生。采用80%二溴氯苯烷2～3千克加水100千克，栽种前15天开沟施入土壤中，并覆上土，防止药液挥发，可提高防治效果。

五、采收加工

1. 采收

采用无性繁殖的于栽植后当年10月或第2年春季萌芽前采挖；采用种子繁殖的于移栽后当年10～11月地上茎叶枯萎或第2年早春萌芽前采挖。因参根入土深，质脆易断，应选晴天、土壤半干半湿时小心挖取，先刨松根际土壤，顺行将参根完整挖出，但拟留作种用部分要留地不挖。挖出后在田间暴晒，去泥土后运回加工，忌用水洗。

2. 加工

将根条晒至五成干、质地变软后，先用手捏顺，扎成小束，堆放2～3天使其"发汗"，然后再摊开晾晒至全干，并去须修芦、剪去细尾即成商品。若遇雨天可放在焙笼里焙干。

六、药典标准

1. 药材性状

本品根茎短粗，顶端有时残留茎基。根数条，长圆柱形，略弯曲，有的分枝并具须状细根，长10～20厘米，直径0.3～1厘米。表面棕红色或暗棕红色，粗糙，具纵皱纹。老根外皮疏松，多显紫棕色，常呈鳞片状剥落。质硬而脆，断面疏松，有裂隙或略平整而致密，皮部棕红色，木部灰黄色或紫褐色，导管束黄白色，呈放射状排列。气微，味微苦涩。

栽培品较粗壮，直径0.5～1.5厘米。表面红棕色，具纵皱纹，外皮紧贴不易剥落。质坚实，断面较平整，略呈角质样。

2. 显微鉴别

本品粉末红棕色。石细胞类圆形、类三角形、类长方形或不规则形，也有延长呈纤维状，边缘不平整，直径14～70微米，长可达257微米，孔沟明显，有的胞腔内含黄棕色物。木纤维多为纤维管胞，长梭形，末端斜尖或钝圆，直径12～27微米，具缘纹孔点状，纹孔斜裂缝状或十字形，孔沟稀疏。网纹导管和具缘纹孔导管直径11～60微米。

3. 检查

（1）水分　不得过13.0%。

（2）总灰分　不得过10.0%。

（3）酸不溶性灰分　不得超过3.0%。

（4）重金属及有害元素　照铅、镉、砷、汞、铜测定法测定，铅不得过5毫克/千克；镉不得过1毫克/千克；砷不得过2毫克/千克；汞不得过0.2毫克/千克；铜不得过20毫克/千克。

4. 浸出物

照水溶性浸出物测定法项下的冷浸法测定，不得少于35.0%。照醇溶性浸出物测定法项下的热浸法测定，用乙醇作溶剂，不得少于15.0%。

七、仓储运输

1. 仓储

丹参用麻袋或筐包装，每件30～40千克。贮藏于仓库干燥处，适宜温度30℃以下，相对湿度70%～75%，商品安全水分10%～14%。本品质脆易折断，要防止重压。本品易吸潮生霉，吸潮品，其肢体变软，不易折断，且发热变色。本品易虫蛀，为害的仓虫有烟草甲、赤拟谷盗、锯谷盗、杂拟谷盗、土耳其扁谷盗等，蛀食品表面可见细小蛀洞，堆垛间可见碎屑。贮藏时应定期检查，发现受潮或温度过高，及时翻垛、摊晾，虫情严重时用磷化铝熏杀。高温高湿季节前可进行密封抽氧充氮养护。

2. 运输

丹参在运输过程中，必须用清洁卫生的车辆装运，装车前市场营销部必须进行车辆卫生清洁度检查，质量监控部要定期抽查，并对市场营销部的运输记录进行检查。

八、药材规格等级

1. 野生

统货　呈圆柱形，条短粗，有分枝，多扭曲，表面红棕色或深浅不一的红黄色，皮粗糙，多鳞片状，易剥落；体轻而脆；断面红黄色或棕色，疏松有裂隙，显筋脉白点；气微，味甘微苦；无芦头、毛须、杂质、霉变。

2. 家种

呈长圆柱形。表面红棕色，具纵皱纹，外皮紧贴不易剥落。质坚实，断面周边呈棕红色，内侧灰白色或黄白色，有放射状纹理，断面较平整，略呈角质样。

（1）选货　长≥12厘米，主根中部直径≥0.8厘米。无芦头；无须根；无虫蛀；无霉变；杂质不得过3%。

（2）统货　长度不限，大小不等。无芦头；无须根；无虫蛀；无霉变；杂质不得过3%。（图3）

1cm

图3　丹参统货

九、药用价值

丹参具有活血祛瘀、养血安神、消肿止痛等功能；主治冠心病、心肌梗死、心绞痛、月经不调、产后瘀阻、瘀血疼痛、痈肿疮毒、心烦失眠等症。丹参的主要有效成分可分为两类，即脂溶性丹参酮类（脂溶性二萜醌类）和水溶性酚酸类。前者有抗菌，抗炎，治疗冠心病等疗效；后者有改善微循环，抑制血小板凝聚，减少心肌损伤和抗氧化的作用。

参考文献

[1] 郭菊梅. 丹参栽培技术[J]. 甘肃农业科技, 2003（11）：51–52.

[2] 农训学. 丹参栽培与加工技术[J]. 农村实用技术与信息, 2004（4）：42–45.

[3] 王德群. 亳州药用植物资源与栽培加工[M]. 合肥：安徽大学出版社, 2009：145–149.

[4] 卫新荣, 蒋传中. 丹参GAP实施中的质量监控[J]. 世界科学技术, 2004（4）：72–78, 89–90.

[5] 赵宝林, 刘学原, 刘宏, 等. 安徽药用丹参资源调查研究, 2010, 24（5）：31–32.

[6] 黄璐琦, 詹志来, 郭兰萍. 中药材商品规格等级标准汇编（第一辑）[S]. 中国中医药出版社, 2019：63–70.

艾叶
ai ye

本品为菊科植物艾*Artemisia argyi* Lévl. et Vant.的干燥叶。

一、植物特征

多年生草本或略成半灌木状，植株有浓烈香气，全株密被白色绒毛。主根明显。茎直立，有明显纵棱，上部分枝。叶互生，上面被灰白色短柔毛，背面密被灰白色蛛丝状密绒毛。下部叶在花期萎谢；中部叶卵形、三角状卵形或近菱形，有柄，羽状分裂；上部叶全缘或3裂。头状花序多数，复总状排列；总苞片卵形，3～4层；小花筒状，带红色，多数，外层雌性长约1毫米，内层雄花长约2毫米。瘦果。花期、果期7～10月。（图1）

二、资源分布概况

艾叶在全国大部分地区均产，主产于湖北、河南、河北、四川等低海拔至中海拔地区。艾叶道地产区古代记载有复道（今河南汤阴）、明州（今浙江宁波）等地。自明朝以后，以蕲州（今湖北蕲春）为道地产区。

图1 艾

三、生长习性

艾生于低海拔至中海拔地区的荒地、路旁河边及山坡等地，也见于森林草原及草原地区。在海拔0～1200米的区域长势较好。艾喜温暖气候，较耐寒、耐荫，以阳光充足、土层深厚、疏松、肥沃的中性或微碱性砂质壤土栽培为宜。艾极易繁衍生长，对气候和土壤的适应性较强，但在潮湿肥沃的土壤生产更好。艾耐旱，因此可以选择田边、地头、山坡、荒地为种植地。其多栽培于丘陵、低中山地区，地势以向阳和排灌良好的平地或缓坡为佳。

四、栽培技术

1. 种植材料

艾叶生产以无性繁殖为主，种子繁殖多在繁育新品种时应用。无性繁殖是取生长状态良好、无病变的艾的根状茎进行种植，在春季发芽前将根挖出，选取嫩根状茎，截成10～15厘米长的小段保鲜待种。

2. 选地整地

（1）选地 选择丘陵、低中山地区，地势以向阳和排灌良好的平地或缓坡为宜。土壤应为土层深厚、土壤通透性好、有机质丰富的中性或微碱性的砂质壤土。

（2）整地　熟地于栽培种植当年整地。根据种植地土层结构特点，适度掌握犁耙次数，结合整地过程施足经充分腐熟达到无公害化的有机肥，每亩施量1000～1500千克，均匀混合翻入土壤内，然后修沟作垄。垄台高25厘米左右，垄距30厘米左右，垄宽80厘米时可种植2条，垄宽60厘米时种植1条。（图2）

图2　艾叶整地

3. 播种

根状茎繁殖　于第一年11～12月取新鲜的根状茎进行种植。在整平耙细的畦面上进行纵向开沟，株距为3～5厘米即可。细土覆盖厚度为5厘米，覆土后厢面呈弓背形，轻轻压实厢面土壤。（图3，图4）

图3　艾叶田间种植

图4　艾叶种植基地

4. 田间管理

（1）中耕除草　在4月上旬，进行一次中耕除草，深度15厘米。

（2）定苗　当苗高达到30厘米时施用尿素90千克/公顷作提苗肥。最好在阴雨天撒肥料，晴天进行叶面喷施。

（3）排灌水　定期检查沟和厢面，清除沟中积土，保持厢面平整，大雨后及时疏沟排水；在干旱季节，当苗高在80厘米以下时，采用叶面喷灌；苗高80厘米以上时，进行全园漫灌即可。

5. 病虫害防治

（1）病毒病　选择生长状况良好，根状茎粗壮，无病虫害的植株做种。增施磷酸二氢钾，增强植株对病毒的抵抗力。

（2）虫害　一般为蚜虫和蓟马，可选用防虫板进行防治。在艾出芽前，喷洒多菌灵或甲基托布津于地表，它具有抑制病虫害的作用，可以在很大程度上减少害虫啃咬。在每年冬季结合中耕除草的方法，深翻土壤，杀灭虫卵，使虫卵在地底没有充足的氧气而死亡，这样可以阻止虫卵在土中越冬，大幅减少虫害。

五、采收加工

1. 采收

（1）采收期　一般于阴历端午节前后采收，在这一时期，艾叶生长最旺盛，茎秆直立且未萌发侧枝，未开花，在这个时期挥发油含量最高，药用价值最佳。

（2）田间清理　每次收获了之后，清理干净残枝，去除有病有虫的茎枝，防止感染其他的植株。

（3）采收　割取全株，取下叶片。

（4）干燥　将叶片摊在竹席上置于室内阴干，注意不要摊的太厚。每1～2天需要翻动1次，避免出现沤黄，前期勤翻，待至七成干时每3天翻动1次，约九成干时可每周翻动1次。当叶片含水量小于14%时即为全干。

2. 加工

（1）艾叶　采收叶片，晒干，拣去杂质，去梗，筛去灰屑（图5）。

（2）艾绒　取晒干净的艾叶碾碎成绒，剪去硬茎及叶柄，筛去灰屑（图6）。

（3）艾炭　取净艾叶置锅内用武火炒至七成变黑色，用醋喷洒，拌匀后过铁丝筛，未透者重炒，取出，晾凉，防止复燃，3日后储存（每50千克，用醋7.5千克）。

图5　艾叶加工收集

图6　艾绒加工包装

六、药典标准

1. 药材性状

多皱缩、破碎，有短柄。完整叶片展平后呈卵状椭圆形，羽状深裂，裂片椭圆状披针形，边缘有不规则的粗锯齿；上表面灰绿色或深黄绿色，有稀疏的柔毛和腺点；下表面密生灰白色绒毛。质柔软。气清香，味苦。

2. 显微鉴别

本品粉末绿褐色。非腺毛有两种：一种为T形毛，顶端细胞长而弯曲，两臂不等长，柄2～4细胞；另一种为单列性非腺毛，3～5细胞，顶端细胞特长而扭曲，常断落。腺毛表面观鞋底形，由4、6细胞相对叠合而成，无柄。草酸钙簇晶，直径3～7微米，存在于叶肉细胞中。

3. 检查

（1）水分　不得过15.0%。

（2）总灰分　不得过12.0%。

（3）酸不溶性灰分　不得过3.0%。

七、仓储运输

1. 仓储

艾叶含挥发油，包装要打扩成机械包，外层包装材料选用干净麻袋，用竹片定型、铁丝打捆成包。外包装上必须贴好标签，标签应包括产品名称、质量等级、规格、产地、净含量、批号、生产日期、生产单位。药材仓储要求符合《绿色食品　贮藏运输准则》（NY/T 1056—2006）的规定。仓库应具有防虫、防鼠、防鸟的功能；要定期清理、消毒和通风换气，保持洁净卫生；不应与非绿色食品混放；不应和有毒、有害、有异味、易污染物品同库存放；在保管期间如果水分超过14%、包装袋打开、没有及时封口、包装物破碎等，导致艾叶吸收空气中的水分，发生返潮、结块、褐变、生虫等现象，必须采取相应的措施。（图7）

图7　艾叶贮藏

2. 运输

运输车辆的卫生合格，温度在16~20℃，湿度不高于30%，具备防暑、防晒、防雨、防潮、防火等设备，符合装卸要求；进行批量运输时，应不与其他有毒、有害、易串味物质混装。

八、药材规格等级

统货　多皱缩、破碎，有短柄。完整叶片展平后呈卵状椭圆形，羽状深裂，裂片椭圆状披针形，边缘有不规则的粗锯齿；上表面灰绿色或深黄绿色，有稀疏的柔毛和腺点，下表面灰白色，密生绒毛。质柔软。气清香，味苦。无变色；无虫蛀；无霉变；杂质不得过3%。（图8）

1cm

图8　艾叶统货

九、药用食用价值

1. 临床常用

（1）艾叶

①出血症：本品辛行温通，主入肝经，长于温散肝经寒邪，炒炭后止血作用增强，

为温经止血之要药，尤宜于月经量多、崩漏及胎漏等虚寒性出血症，为妇科止血要药，若与其他凉血止血药配伍，也可用于血热出血症，既增止血作用，又防寒凉太过而留瘀。

②虚寒性腹痛：本品能温经散寒止痛，还适用于脾胃虚寒或痛经。治脾胃虚寒、脘腹冷痛，可与干姜等同用，以散寒调中。治妇女宫寒腹痛、痛经，可与香附、肉桂等药同用。

③虚寒性月经不调、胎动不安：本品温经散寒止血，可调经，又为治妇科下焦虚寒或寒客胞宫之要药。治疗下焦虚寒或寒客胞宫所致月经不调、宫寒不孕及胎漏下血之胎动不安，常与阿胶等养血安胎药同用。

④祛湿止痒：可用于湿疹、阴疮、疥癣等瘙痒性皮肤病，煎汤外洗。

（2）艾条、艾炷等

将本品捣绒，制成艾条、艾炷等，用以熏灸体表穴位，可使热气内注，能温煦气血，透达经络，为温灸的主要原料。《名医别录》中记载："艾味苦，微温，无毒，主灸百病。"明代著名的医药学家李时珍在《本草纲目》中论述艾叶的功能主治："艾叶，生则微苦太辛，熟则微辛太苦，生温熟热，纯阳也，可以取太阳真火，以回垂绝元阳。服之则走三阴而逐一切寒湿，转肃杀之气为融和；灸之则透诸经而治百种病邪，起沉疴之人为康泰，其功亦大矣。"这里所说艾叶的生、熟，是指新鲜者为"生"，陈久者为"熟"。

①艾灸祛风散寒除湿、温经通络、行气活血：可用于风、寒、湿邪为患的各种病症。如伤风感冒、各种痹证、寒性哮喘、疝气以及气血虚弱引起的眩晕、贫血、乳少、闭经、小儿消化不良等。

②艾灸补中培元、回阳固脱：可用于脾胃虚寒、中气下陷、肾阳不足引起的胃痛、腹痛、久泄、久痢、遗尿、功能性子宫出血、脱肛、子宫脱垂、内脏下垂、遗精、阳痿、早泄、性功能低下及寒厥脱证等。

③艾灸化瘀散结、消肿镇痛：对急性乳腺炎初起、颈淋巴结结核、疖肿未化脓者，也有一定的治疗作用。

④艾灸治疗寻常疣，热气内注：可温通气血，短则3天，长则10天，此法安全有效。

⑤艾灸治疗妊娠呕吐：曾治疗患者151例，疗效显著，并与中药水煎服组对照有显著性差异（$P < 0.01$），认为艾条灸治法具有温通血脉、引导气血运行的作用，可以调补脾胃，调和冲任之气，方法简单易行。

⑥艾灸治疗小儿腹泻：艾灸足三里及止泻穴辅佐治疗婴幼儿秋季腹泻，疗效优于常规疗法，且方法简便，对患儿无痛苦，易被患儿接受，值得推广运用。

⑦艾灸治疗糖尿病：糖尿病是老年人的多发病之一，其病机与脾胃虚弱、中气不振有关，用温针盒放置于关元、气海等穴位，能起到补益阳气的作用。

⑧艾灸治疗类风湿关节炎：艾灸在类风湿关节炎患者的护理过程中起效快，无副作用。

⑨艾灸治疗寒凝型痛经：用少腹逐瘀汤配合艾灸治疗寒凝血瘀型痛经，临床疗效明显。

2. 食疗及保健

（1）驱蚊　艾叶中所含的挥发油具有驱蚊的功效，从古时起就有把艾叶挂在门口驱蚊辟邪的民俗。

（2）食用　广东的客家人用艾草的根煲汤，以祛寒暖胃。而艾叶中天然孕酮的含量显著高于其他植物，尤其适合女性服用。安徽的部分地区，产妇有食用艾叶煮鸡蛋的习俗，孕期或坐月子期间食用以暖宫、理气血、调养身体。

（3）功能保健品　目前，已经有大量蕲艾产品进入市场，例如精油、药枕、蚊香、牙膏、洁面乳、洗发精、沐浴露、消毒剂等百余种产品，尚有利用蕲艾具有驱虫的功效做成艾叶蚊香、艾叶杀虫剂等。

参考文献

[1] 张元，康利平，郭兰萍，等. 艾叶的本草考证和应用研究进展[J]. 上海针灸杂志，2017，36（3）：245–255.

[2] 肖本大，梅全喜. 蕲艾灸治百病[M]. 北京：人民卫生出版社，2016：3.

[3] 张勰，张军，杜伟，等. 蕲艾生产技术操作规程（SOP）[J]. 湖北中医杂志，2009，31（10）：75–76.

[4] 张元，康利平，詹志来，等. 不同采收时间对艾叶挥发油及其挥发性主成分与毒性成分变化的影响[J]. 世界科学技术：中医药现代化，2016，18（3）：410–419.

[5] 金晓蝉，田岳凤. 艾草与中国传统文化[J]. 中国民间疗法，2018，26（9）：45–46.

[6] 范永军，朱明朗，富春风. 艾灸治疗妊娠呕吐151例疗效观察[J]. 中国针灸，1995（1）：11.

[7] 杜鹏鹏. 艾灸中医护理技术在类风湿关节炎中的研究进展[J]. 现代医学与健康研究（电子杂志），2018，2（13）：150，152.

[8] 朱超超. 艾叶的临床应用[J].中国中医药现代远程教育，2013，11（6）：94，97.

[9] 刘金凤. 少腹逐瘀汤配合艾灸治疗寒凝血瘀型痛经的临床观察[J].中医临床研究，2018，10（18）：68–70.

[10] 张觉予，陈犹得，冼建春，等. 不同纯度艾绒艾炷灸温度时间变化的研究[J]. 中国针灸，2015，35（9）：909–912.

[11] 黄璐琦，詹志来，郭兰萍. 中药材商品规格等级标准汇编（第一辑）[S]. 中国中医药出版社，2019：367–372.

白 术

本品为菊科植物白术*Atractylodes macrocephala* Koidz.的干燥根状茎。

一、植物特征

多年生草本。根状茎肥厚，块状。茎上部分枝，基部木质化。茎下部叶有长柄，叶片3裂或羽状5深裂；茎上部叶柄渐短，分裂或不分裂。头状花序单生于枝顶，基部苞片叶状，羽状裂片刺状；总苞片5~8层，外层短，最内层多列，伸长；花多数，全为管状花。花冠紫红色，雄蕊5，花柱细长。瘦果；冠毛污白色。花期、果期8~10月。（图1）

图1　白术

二、资源分布概况

白术分布于江苏、浙江、福建、江西、安徽、四川、湖北及湖南等地。现各地多有栽培，以浙江栽培的数量最大。

三、生长习性

白术喜凉爽气候,耐寒,怕湿热、怕干旱。能耐-10℃左右低温,气温超过30℃以上生长受到抑制,24~29℃生长迅速。根状茎生长最适温度26~28℃。种子发芽最适温度25~30℃。以选地势高燥稍有倾斜的坡地,土层深厚、疏松肥沃、排水良好的砂质土壤栽培为宜;忌连作,最好在新垦地上栽种。种过的地,须隔5年以上才能再栽种,否则易发病。前作以禾本科作物为好,不能与易发生白绢病的十字花科、茄科等作物轮作。在白术的生长期内,田间积水,会造成植株生长不良,并易诱发病害。白术喜光照,但在7~8月高温季节应适当遮蔽,这样更有利于白术生长。

四、栽培技术

1. 选种与种子处理

(1)选种 于7月初在田间选择生长健壮、叶大秆矮、分枝少、无病虫害的植株留作种株。于现蕾时,选留顶部生长良好、成熟一致的饱满花蕾5~6个,其余的一律摘除。在11月上中旬,当植株基部叶片萎黄,管状花全开裂现出冠毛时,移至室外晒干。取出种子,再复晒扬净种子,贮藏备用。

(2)种子处理 播前选择新鲜、有光泽、饱满的种子,放入25~30℃的温水中浸泡12小时,捞出,用麻袋装好置于25~30℃室内。每天早、晚用30~40℃温水冲淋1次,经4~5天种子开始萌动时,即可取出播种。

2. 播前准备

选择偏沙性土壤,耕耙30厘米,施入腐熟有机肥3万千克/公顷左右。整平后准备播种。

3. 播种

春季地温12℃以上时为播种适期。在整好的畦面上横向开沟条播,沟心距25~27厘米,播幅10厘米,沟深5厘米,铲平沟底。然后,将催芽籽均匀地播入沟内,播后覆盖3厘米厚的细肥土,畦面盖草以保温、保湿。用种量90~120千克/公顷,培育1公顷"术苗"可栽种8~10公顷的大田。

4. 前期管理

播后7~10天出苗，幼苗出土后揭去盖草，进行中耕除草1次，结合锄草进行间苗。苗高7厘米时，按株距3~5厘米定苗。幼苗长出2~3片真叶时，进行中耕除草；7月末至8月初，地下根茎膨大期，进行追肥，施入尿素225千克/公顷、磷酸二铵150千克/公顷。遇干旱季节，应早、晚浇水；雨后及时疏沟排水。此外，除留种植株外，抽出花薹要及时剪除，使养分集中于"术株"，以利于生长发育。

5. 移栽

（1）选地整地与施肥

选地：种植地宜选择5年未种过白术，土层深厚，疏松肥沃，排水良好，稍有倾斜的缓坡地或新垦地种植，土壤以砂壤土为好。

整地：当年冬季深翻土壤30厘米以上，使其风化。翌年春季整平耙细，作平畦或高畦，畦面宽30厘米，畦高15~20厘米，沟宽30厘米。

施肥：在中等肥力条件下，结合整地施腐熟有机肥3万千克/公顷，氮肥75千克/公顷（折合尿素163.5千克/公顷），磷肥180千克/公顷（折合过磷酸钙1500千克/公顷），钾肥120千克/公顷（折合硫酸钾240千克/公顷），硫酸亚铁150千克/公顷。并且，适量补充锌肥等含其他元素的肥料。

（2）栽种　于3月下旬适时栽种。栽时，将"术苗"按大小分级下种。在整好的栽植地上挖穴栽种，行距20~25厘米，株距12厘米，穴深5~6厘米。大"术苗"每穴栽入1个，小"术苗"每穴栽入2个。栽时芽头向上，栽后覆盖少量细土压实，再盖土填平，以盖住顶芽为度，即顶芽在土下4厘米左右为宜。若过深，则出苗困难；若过浅，则易长侧芽且质量差。密度24万~30万株/公顷，用"术苗"900~975千克/公顷。

6. 田间管理

（1）中耕除草　一般进行3~4次。幼苗出土至5月份，田间杂草众多，中耕除草要勤，第1次中耕可深些，以后应浅锄。5月中旬后不再中耕，株间杂草用手拔。大雨过后，要及时排水、锄松表土。

（2）追肥　栽种的白术，施足基肥后，一般追肥1次，在6月中下旬，植株生长旺期，施尿素300千克/公顷。7月中下旬再喷0.2%~0.3%磷酸二氢钾或2%过磷酸钙浸出液，进行根外施肥。

（3）排灌　白术忌积水，雨后要疏通排水沟，降低田间湿度。根茎膨大期，若遇干旱，要及时浇水。

（4）摘蕾　除留种田外，7月上中旬在现蕾后，应分期、分批摘蕾。现蕾后要及时摘蕾，若过早则影响植株生长；过晚则使花蕾消耗养分，影响根茎生长。摘蕾时要一手捏茎、一手摘蕾，不要伤大叶，不动摇植株根部。摘下的花蕾带出田外集中处理，减少病虫害发生。

（5）盖草　白术怕高温，7月高温季节，可在地表撒一层树叶、麦糠等进行覆盖，以便调节地温，使白术安全越夏。

7. 病虫害防治

（1）根腐病

①农业防治：选育抗病品种：矮秆阔叶品种的肉质肥厚，质量好，抗病力强。合理轮作：与禾本科作物轮作间隔期5年以上。合理施肥：应施足基肥，多施有机肥，增施磷钾肥，每亩施硫酸亚铁10千克。及时追肥可培育壮苗，采取健身栽培。

②化学防治：播种时用50%多菌灵可湿性粉剂400～500倍液浸"术苗"12～24小时，消灭"术苗"潜伏带菌；用50%多菌灵可湿性粉剂和50%福美双可湿性粉剂各30千克/公顷，用细沙土150千克/公顷混匀制成药土，连同3%辛硫磷颗粒剂45～60千克/公顷，在播种或栽植前顺栽植沟撒施；7月上旬开始，用80%代森锰锌（大生、必得利）可湿性粉剂800倍液喷雾，每次用药液450克，每7～10天喷1次，连喷3～4次，可控制病害。

（2）铁叶病

①农业防治：清洁田园：白术收获后，收集并烧毁田间枯枝烂叶，减少翌年菌源。土壤选择：注意选择地势高燥、排水良好的砂壤土种植白术。在初冬深翻土壤30厘米，既可风化土壤；又可深埋病残体，减少菌源。合理轮作和施肥：施足基肥、多施有机肥、增施磷钾肥，以促进白术健壮生长。实行5年以上的轮作。

②化学防治：病前预防，发病初期叶片上初见黄绿色小点时，喷1∶1∶100波尔多液，每隔7～10天喷1次，连喷3次。病期防治，用50%多菌灵可湿性粉剂或70%甲基硫菌灵可湿性粉剂1000倍液喷雾防治，每隔7～10天喷1次，连喷3次。

（3）蚜虫

①物理防治：黄板诱杀蚜虫，有翅蚜初发期可用市场上出售的商品黄板；或用60厘米×40厘米的长方形纸板，涂上黄色油漆，再涂1层机油，挂在行间、株间，每公顷挂450～600块，当黄板沾满蚜虫时，再涂1层机油。

②生物防治：前期蚜量少时，可利用瓢虫等天敌，进行自然控制。无翅蚜发生初期，用0.3%苦参碱乳剂1000倍喷雾防治。

③化学防治：用10%吡虫啉可湿性粉剂1000倍液，或3%啶虫脒乳油1500倍液，或2.5%联苯菊酯乳油3000倍液，或4.5%高小氯氰菊酯乳油1500倍液进行防治。

（4）蛴螬、金龟子　防治蛴螬、金龟子等地下害虫，可结合根茎肥用敌百虫800倍液或50%辛硫磷1000～1500倍液浇灌防治；也可于移栽前用3%辛硫磷颗粒剂45～60千克/公顷拌细土450～600千克/公顷开沟施入，或顺垄撒施后锄划覆土。当每株蚜虫量达700头以上时，及时用40%乐果1000倍液喷杀；防治术籽虫，可在开花初期用50%马拉硫磷乳油1000～2000倍液喷治，也可在成虫产卵前喷50%敌敌畏300倍液，每隔7～10天喷1次，连喷2～3次。

化学防治应遵守农药安全使用间隔期，未标明的农药品种，收获前30天内停止使用。

五、采收加工

1. 采收

在定植当年10月下旬至12月上旬前后，当白术茎秆由绿色转黄褐色、下部叶片枯黄、上部叶片已硬化、容易折断时采收。选晴天将植株挖起，抖去泥土，剪去茎叶，及时加工。过早采收，白术植株未成熟，块根鲜嫩，折干率不高，产量低，质量差；过迟采收，白术新芽萌发，块根养分被消耗，干后表皮皱缩，品质降低。要防止冻伤，选择晴天土质干燥时小心挖起白术块，剪去白术秆，去净泥沙与杂质，不用水洗，运回加工。但白术块不能堆积，也不能暴晒，以免发热萌芽和出油，影响质量。留种的在种子成熟后再采收。

2. 加工

加工方法有晒干和烘干两种。晒干的白术称生晒术，烘干的白术称烘术。

生晒术是将鲜白术抖净泥沙，剪去白术秆，日晒至足够干燥为止。在翻晒时，要逐步搓擦去其根须；遇雨天，要薄摊通风处，切勿堆高淋雨。不可晒后再烘，更不能晒晒烘烘，以免影响质量。

烘术法是将鲜白术放入烘斗内，每次150～200千克，最初火力宜猛而均匀，约100℃。待其蒸汽上升、外皮发热时，将温度降至60～70℃，缓缓烘烤2～3小时。然后上下翻动1次，再烘2～3小时，至须根干透，将白术从烘斗内取出，不断翻动，去掉须根。

将去掉须根的白术堆放5～6天，让内部水分慢慢外渗，按大小分级上灶。较大的白术放在烘斗的下部，较小的放在上部。开始时火力宜强些，至白术外表发热，将火力减弱，控制温度为50～55℃。经5～6小时，上下翻动1次再烘5～6小时，至七八成干时取出，在室内堆放7～10天，使其内部水分逐渐向外渗透，表皮变软。将堆放返润的白术，按支头大小分为大、中、小三等，用40～50℃文火烘干，大号的烘30～33小时，中号的烘24小时，小号的烘12～15小时，烘至干燥为止。

六、药典标准

1. 药材性状

本品为不规则的肥厚团块，长3～13厘米，直径1.5～7厘米。表面灰黄色或灰棕色，有瘤状突起及断续的纵皱和沟纹，并有须根痕，顶端有残留茎基和芽痕。质坚硬不易折断，断面不平坦，黄白色至淡棕色，有棕黄色的点状油室散在；烘干者断面角质样，色较深或有裂隙。气清香，味甘、微辛，嚼之略带黏性。（图2）

1cm

图2　白术药材

2. 显微鉴别

本品粉末淡黄棕色。草酸钙针晶细小，长10～32微米，存在于薄壁细胞中，少数针晶直径至4微米。纤维黄色，大多成束，长梭形，直径约至40微米，壁甚厚，木化，孔沟明显。石细胞淡黄色，类圆形、多角形、长方形或少数纺锤形，直径37～64微米。薄壁细胞含菊糖，表面显放射状纹理。导管分子短小，为网纹导管及具缘纹孔导管，直径至48微米。

3. 检查

（1）水分　不得过15.0%。

（2）总灰分　不得过5.0%。

4. 浸出物

照醇溶性浸出物测定法项下的热浸法测定，用60%乙醇作溶剂，不得少于35.0%。

七、仓储运输

1. 包装

采用透气性好的篓装，外套麻袋，贮于阴凉通风处，防止虫蛀、霉变。

2. 仓储

白术产品易受潮和生虫。因此，仓库必须防潮密封。储藏过程中严格控制含水量，不得超过14%，且不宜多年储藏，否则易走油或变黑。

3. 运输

运输过程中注意防潮，不能与其他有毒、有害、易串味的物质混装。

八、药材规格等级

见表1。

表1　白术药材规格等级

等级	形状	表面特征	质地	断面	气味
一等	呈不规则团块状，体形完整	表面灰棕色或黄褐色，表皮光滑，紧致	密实	棕黄色渐至棕黄色，菊花纹明显，油点多，有蜂窝状孔隙	味甘而微辛苦
二等		表面灰棕色或黄褐色，有皱缩		黄白色渐至淡黄色，有菊花纹，油点较多	
三等		表面灰棕色或黄褐色，表皮粗糙		黄白色渐至淡黄色，有菊花纹，油点较多	
四等	体形不计，间有程度不严重的碎块	表面灰棕色或黄褐色至灰白色，糙皮		淡黄白色至白色，菊花纹不明显，油点少	

九、药用食用价值

白术被历代医家奉为"安脾胃之神品""除风湿之上药""消痞积之要药""健食消谷第一要药"。白术可健脾益气，燥湿利水，止汗，安胎。用于脾虚食少，腹胀泄泻，痰饮眩悸，水肿，自汗，胎动不安。

白术为常用补益类中药，俗有"北参南术""十方九术"之说，因其具有健脾胃、促消化、强后天、壮机体的功能。现代研究表明，白术亦具有抗衰老、通便和活血的功效。

参考文献

[1] 胡卫平. 白术生长发育特性及规范化种植技术标准[J]. 现代农业科技，2016（9）：99，103.

[2] 邓士杰. 白术栽培技术[J]. 农技服务，2013，30（7）：750–751.

[3] 巴晓林，左卫军. 白术栽培管理及常见病害综合防治技术[J]. 乡村科技，2016（8）：12–13.

[4] 刘万方. 白术高产栽培技术[J]. 现代农业科技，2011（16）：120.

[5] 张正海，李爱民，苗高健，等. 白术采收与加工技术[J]. 农村新技术，2011（20）：43.

[6] 魏新雨. 白术的采收与加工[J]. 农家科技，2002（12）：32–33.

[7] 王浩，陈力潇，黄璐琦，等. 基于德尔菲法对中药白术商品规格等级划分的研究[J]. 中国中药杂志，2016，41（5）：802–805.

[8] 朱校奇，宋荣，吴章良，等. 湖南平江白术栽培技术规程[J]. 热带农业科学，2015，35（5）：19–22.

[9] 葛珊珊，宋贵发，王震，等. 白术药用浅谈[J]. 现代中医药，2015，35（2）：57–59.

[10] 吕圭源，李万里，明哲. 白术抗衰老作用研究[J]. 现代应用药学，1996（5）：26–29.

[11] 宋丽艳，谷建梅. 不同炮制方法对白术抗衰老作用影响的实验研究[J]. 中国现代医药杂志，2007，9（11）：15–17.

[12] 李俊龙. 中医临床家魏龙骧[M]. 北京：中国中医药出版社，2001：15–16.

[13] 杜光华，余国俊. "白术通大便"的启示[J]. 中医杂志，1982（11）：80.

[14] 郑昱. 大剂量白术的活血作用及临床应用[J]. 甘肃中医学院学报，1998，15（S1）：40–41.

白前

本品为萝藦科植物柳叶白前*Cynanchum stauntonii*（Decne.）Schltr. ex Lévl.或白前*Cynanchum glaucescens*（Decne.）Hand.–Mazz. 的干燥根状茎和根。因大别山区种植品种主要为柳叶白前，本书只介绍柳叶白前相关内容。

一、植物特征

柳叶白前

直立半灌木，无毛，分枝或不分枝。叶对生，纸质，狭披针形，两端渐尖。伞形聚伞花序腋生；花萼5深裂，花冠紫红色、辐状。蓇葖果单生，长披针形。花期5～8月，果期9～10月。（图1）

图1　柳叶白前

二、资源分布概况

柳叶白前主要分布于浙江、江苏、安徽、江西、湖南、广西、广东、贵州等地。大别山区湖北省是柳叶白前的主要产区，产量居全国前列。1984年起，湖北省新洲、黄冈、红安、麻城等县（市）开展了柳叶白前野生转家种。

三、生长习性

柳叶白前对气候的适应性较强，南北方均可生长，喜温暖潮湿的环境，耐寒，忌干旱。以选择腐质壤土或土层深厚的砂壤土栽培为宜，积水的黏土或重黏土不宜栽培。

四、栽培技术

1. 选地整地

（1）选地　育苗地以选择地势开阔、阳光充足、排灌方便、土质疏松的砂质土壤为宜。低洼积水、荫蔽少光、土质过于黏重的土地不宜种植。

（2）整地　在选好的种植地，每亩施入腐熟的土杂肥3000～4000千克，深耕30厘米左右，整平耙细，备播。

2. 种植方法

（1）种子繁殖　分为秋播和春播，秋播在封冻前进行，春播3～4月进行。在整好的种植地里，按1.2米做畦，搂平，按行距15厘米，开2厘米浅沟，将种子与3倍量细河沙拌匀，均匀地撒于沟内，覆土厚度以盖过种子为宜，亩用种量3～4千克。秋播冬季不需管理，春旱时要及时浇水，保持土壤湿润，以利出苗，出苗后要勤除草，加强管理，施清淡人畜粪水3～4次，于当年秋季或翌年春季移栽。

（2）移栽　在育苗当年的秋季小苗枯萎后或第2年春季出苗前移栽。按行距30厘米，株距25厘米开穴，每穴栽2株，栽后及时浇水，以保证其成活率。

（3）分株　秋季植株枯萎后或春季出苗前，结合收获时选择有芽1～2个的根茎作种栽，边收边栽，栽种方法和株行距与移栽相同。每亩用种量30～50千克。白前田间种植见图2。

3. 田间管理

（1）中耕除草　育苗田出苗后结合锄草，间去过密小苗，条播的结合锄草，按株距25

厘米间苗，每墩留苗2～3株，缺苗时进行移栽补苗。每年要除草3～4次，保持地内无草。

（2）追肥　每年要进行追肥2～3次，以人畜粪水为主。春、夏季施以人畜粪水，冬季施腐熟的农家肥、过磷酸钙等。

（3）灌溉及排水　旱时浇水，雨季注意及时排水，防止烂根。

4. 病虫害防治

（1）蚜虫　多在春、夏季干旱时发生，主要危害植株嫩茎叶。

防治方法　用40%的氧化乐果2000倍液喷杀，或用20%的速灭杀丁每亩20毫升加水50千克防治。

图2　白前田间种植

（2）红脊蝽　多发生在植株生长旺盛期，刺吸植株汁液，使其植株落叶，严重影响植株生长发育，危害十分严重。

防治方法　用40%乐果乳油800～1500倍液；因红脊蝽喜欢群居，亦可进行人工捕捉。

五、采收加工

柳叶白前一般在栽种后的第2年的秋季或第3年春季发芽前收获，选晴天挖起全株，除去地上部分，将根及根茎洗净，晒干即可。

六、药典标准

药材性状

柳叶白前　根茎呈细长圆柱形，有分枝，稍弯曲，长4～15厘米，直径1.5～4毫米。表面黄白色或黄棕色，节明显，节间长1.5～4.5厘米，顶端有残茎。质脆，断面中空。节处簇生纤细弯曲的根，长可达10厘米，直径不及1毫米，有多次分枝呈毛须状，常盘曲成团。气微，味微甜。（图3）

图3　白前药材

七、仓储运输

1. 仓储

药材仓储要求符合《绿色食品　贮藏运输准则》（NY/T 1056—2006）的规定。库房应无污染、避光、通风、阴凉、干燥，堆放药材的地面应铺垫有高10厘米左右的木架，并具备温度计、防火防盗及防鼠、防虫、防禽畜等设施。药材不应和有毒、有害、有异味、易污染的物品同库存放；随时做好记录及定期、不定期检查等仓储管理工作。

2. 运输

运输车辆的卫生合格，温度在16～20℃，湿度不高于30%，具备防暑、防晒、防雨、防潮、防火等设备，符合装卸要求；进行批量运输时应不与其他有毒、有害、易串味的物质混装。

八、药用食用价值

1. 临床常用

白前以其地下根茎和根入药，具有清肺化痰、止咳平喘等功效。用于肺气壅实，咳嗽痰多，胸满喘急，是治咳嗽的要药。

（1）白前汤　白前二两，紫菀三两，半夏（洗）三两，大戟（切）七分。上药为粗末。水煎，分3次服。主治咳逆上气，身体浮肿，短气胀满，昼夜不得平卧，喉常作水鸡鸣。

（2）止嗽散　桔梗三两，荆芥三两，紫菀三两，百部三两，白前三两，甘草一两，陈皮一两五钱。本方可止咳化痰，疏表宣肺，主治风邪犯肺之咳嗽，为治疗风邪犯肺之咳嗽的常用方剂。现代常用于上呼吸道感染、急（慢）性支气管炎、百日咳等属风邪犯肺之咳嗽。

（3）白前散　白前三分，甘草半两（炙微赤，锉），人参一两（去芦头），生干地黄一两，大麻仁三分，桂心半两，赤茯苓一两，黄芪三分（锉），阿胶八两（捣碎，炒令黄燥），麦冬一两半（去心，焙），桑白皮三分（锉）。上为粗散。每服三钱，以水一中盏，加生姜半分，大枣三个，煎至六分，去滓温服，不拘时候。用于骨蒸肺痿，心中烦渴，痰嗽不止。

（4）白前酒　白前100克，白酒500毫升。将白前捣成粗末，装入纱布袋内，放入干净的器皿中；倒入白酒浸泡，封口；7日后开启，去掉药袋，澄清备用。每次10～15毫升，每日3次，将酒温热空腹服用。用于肺实喘满，咳嗽，痰多，胃脘疼痛。

（5）治久患暇呷咳嗽，喉中作声，不得眠　白前，捣为末，温酒调二钱匕，服。

（6）治久嗽兼唾血　白前三两，桑白皮、桔梗各二两，甘草一两（炙）。上四味切，以水二大升，煮取半大升，空腹顿服。若重者，十数剂。忌猪肉、海藻、菘菜。

（7）治疟母（脾大）　白前五钱。水煎服。

2. 食疗及保健

（1）白前罗汉果茶　白前罗汉果茶是一种传统药茶方，以白前、冰糖、罗汉果为原料。将白前炒香，研成细粉；罗汉果洗净，捏碎；冰糖打碎成屑。后将白前粉、罗汉果放入锅内，加水1200毫升，置武火上烧沸，再用文火煮25分钟，收取汁液，加入冰糖屑搅匀即成。

（2）白前桑皮茶　白前桑皮茶是传统药茶方，具有祛痰止咳功效。白前5克，桑白皮3克，桔梗3克，甘草3克，绿茶3克。用300毫升开水冲泡后饮用，冲饮至味淡。

（3）白前、萝卜煮猪肺　具有润肺止咳的功效。白前10克，白萝卜400克，姜5克，食盐4克，猪肺1具，料酒10克，葱10克，味精3克。将白前研成细粉；猪肺用食盐和清水反复冲洗，用沸水汆去血水，切4厘米长、2厘米宽的块；姜切片，葱切段；萝卜切4厘米见方的块。将白前粉、猪肺、白萝卜、姜、葱、料酒同放锅内，加水2500毫升，用文火炖35分钟，加入食盐、味精即成。猪肺可用羊肺代替，同样具有润肺止咳的作用。

（4）白前煮荸荠　白前煮荸荠是一道药膳，主要药材有白前20克，荸荠250克，冰糖40克。将白前炒香，研成细粉；荸荠去皮，一切两半；冰糖打碎成屑。将白前粉、荸荠、冰糖屑放入炖锅内，加水600毫升，置武火上烧沸，再用文火煮25分钟即成。

参考文献

[1] 周景春，吴金昱. 白前的产地与鉴别[J]. 首都医药，2014，21（3）：48.

[2] 王寿希，左桂芬. 柳叶白前的引种栽培[J]. 特种经济动植物，2003（4）：31.

[3] 梁爱华，薛宝云，杨庆，等. 柳叶白前的镇咳、祛痰及抗炎作用[J]. 中国中药杂志，1996，21（3）：173–174，191–192.

[4] 陈宏康，万美亮，刘国杜，等. 提高柳叶白前产量和质量的探讨[J]. 中国中药杂志，1995，20（4）：204–207.

gua lou

瓜蒌

本品为葫芦科植物栝楼*Trichosanthes kirilowii* Maxim.或双边栝楼*Trichosanthes rosthornii* Harms的干燥成熟果实。大别山区主要种植栝楼，本书只介绍栝楼的相关内容。

一、植物特征

攀援藤本。块根圆柱状。叶互生；卷须3～7分歧；叶片纸质，轮廓近圆形或近心形，常3～5（～7）浅裂至中裂，基出掌状脉5条。雌雄异株；雄花为总状花序，花萼筒状；花冠白色，两侧具丝状流苏；雌花单生，被柔毛；花萼筒圆筒形；子房椭圆形，绿色。果实椭圆形，种子卵状椭圆形，近边缘处具棱线。花期5～8月，果期8～10月。（图1）

图1 栝楼

成熟果实见图2。

二、资源分布概况

栝楼分布于我国辽
宁、陕西、甘肃、四川、
贵州和云南等省，华北、
华东、中南等地区也有分
布。因本种为传统中药，
故在其自然分布区内、
外，广为栽培。

图2 栝楼成熟果实

三、生长习性

栝楼在我国分布广泛，常生长于海拔200～1800米的山坡林下、灌丛中、草地和村旁
田边。现广为栽培。栝楼喜温暖潮湿气候，不耐高温，地上部分不耐寒，冬季枯死，地下
部分能耐一定低温；怕涝，忌积水，亦不耐干旱；对土壤要求不严，但以土层深厚、土质
疏松肥沃的砂质壤土栽培为好；不宜在低洼地及盐碱地栽培。

四、栽培技术

1. 选地整地

（1）选地　根据栝楼的生物学特性宜选择通风透光、土层深厚、土质疏松肥沃、排水良好、重金属含量和农药残留量不超标的砂质土壤作种植地。由于栝楼不适合在地势较高、干燥或土壤黏稠厚重的地方生长，所以种植地宜选在15°～40°的向阳山坡。

（2）整地　栝楼整地应选在入冬前，整地要细，深翻细耙，按行距2米左右，挖深0.5米、宽0.4米的沟，使土壤经冬季的寒冷充分风化、熟化，且消灭杂草和地下越冬害虫。第2年春种前，每公顷施腐熟的农家肥30 000～45 000千克，饼肥600千克，磷肥450～600千克，与沟土拌匀，再用细土填平沟面，随即顺沟灌水，2～3天后平整土地、作畦，畦宽2米，畦高呈龟背形。

此外，还应对不同的种植地进行不同的整地处理：对地下水位低的岗地、坡地、滩地，以低畦、低穴栽为宜；对地下水位高的地块则宜高墩、高畦栽种，提高其抗旱防涝能力。

2. 繁殖方法

栝楼可用种子、分根、压条或组织进行繁殖，现生产主要以分根繁殖为主。

（1）种子繁殖　9～10月选橙黄色短柄的成熟果实。翌年春季于清明前后，将种子用40～50℃温水浸泡1昼夜，取出晾干，用温沙混匀，于20～30℃的温度下进行催芽处理，当大部分种子裂口时，按穴距2米，穴深5～6厘米下种，上覆土3～4厘米，每穴播种4～5粒，种子裂口向下，保持土壤湿润。播后15～20天出苗。

（2）分根繁殖　北方在3～4月份，南方在10～12月份。挖取3～5年生、直径3～6厘米、断面白色新鲜且健壮的根作种（有黄筋者为病根，不易成活），分成7～10厘米的小段，切口蘸上草木灰，摊于室内通风干燥处晾放1天，待切口愈合时下种。按上述种子繁殖的方法挖穴施肥，每穴平放种根一段，浇透水后再盖细土，厚3～4厘米，用手压实，再培土10～15厘米，形成小土堆，以利保墒。栽后20天左右，待萌芽时移去上面的保墒土。1个月左右即可出苗，当年可开花结果。如遇天旱，1个月后仍不出苗者，可在离种根10～15厘米处开沟浇水，忌直接向根上浇水，以免烂根。若覆盖地膜可早出苗。

繁殖时，应注意雌雄株的根要适当搭配，以利授粉。以收获果实为目的者，应多挖取雌株的根；若以收获根为目的，则以雄株根多者为佳，且雌雄株的根要分别摆放。

（3）压蔓繁殖　栝楼的茎节易生不定根。在夏、秋季，将3～4年生的健壮茎蔓拉于地面，放在施足基肥的土地表面上。待根长出，剪断茎部，长出新茎，成为新株，翌年可移栽。

（4）组织快繁　栝楼的带芽茎段、块茎幼苗的茎尖经MS培养基和2毫克/升 BA及0.05～0.5毫克/升NAA培养，可诱导产生丛生芽，再经MS培养基和0.1毫克/升 NAA及0.2毫克/升 BA培养后可形成根。即栝楼的茎段和叶片经培养后可形成愈伤组织，进而分化成幼苗。

3. 田间管理

（1）间苗、补苗　种子直播的栝楼地，在苗高8～10厘米时进行间苗，将小苗、弱苗除去，每穴留壮苗2～3株；且间苗宜早不宜迟。若间苗过迟，植株过密生长会导致幼苗光照和养分不足、通风不良，造成植株细弱，易遭病虫害；同时，由于苗大根深，间苗困难，易伤害附近植株。大田直播时，间苗一般进行2～3次。

一般而言，大田补苗、间苗可同时进行，即从间苗中选生长健壮且稍带土的幼苗进行补栽。补苗最好选阴天后或晴天傍晚进行，并浇足定根水，以保证成活。

（2）中耕除草　中耕是药用植物在生育期间，对土壤进行的表土耕作。在栝楼生长的春、秋两季，勤中耕能提高地温，改善土壤的透水性及通气性，除去杂草，增加土壤肥力，促进根系生长。但中耕宜浅不宜深，以免损伤种根。

（3）肥水管理　栝楼从出苗至开花结果前，正值春季多雨季节，土壤潮湿，气候适宜，栝楼块根营养丰富，枝蔓生长迅速，管理上要控肥控水，防止因生长过旺而导致落花落果。但对新种植的栝楼要适量多次追肥，促其生长发枝，增加结果面积，提高当年产量。因此，在苗蔓长15厘米左右时追施1次提苗肥，每株施50～100克尿素，5月下旬至7月中旬再追肥2～3次，每次每株施100～200克复合肥。

栝楼开花坐果后，肥料、水分需求量大，应在施足底肥的基础上进行追肥。一般坐果后施1次，数量视土壤肥力、长势长相、结果状况而定。7月下旬再重施1次，促使植株在7月底至8月上旬多发新枝，多结果。8月下旬前期果陆续成熟时，对长势弱、缺乏后劲的地块要适时适量补施化肥或根外追肥，提高种子粒重。由于栝楼生长中后期单株叶面积逐渐增大，且处高温、易干旱季节，叶面蒸发量大，应注意浇水，以保湿抗旱。

（4）立株搭架　为使栝楼茎蔓能分布均匀，且更好的通风透光，需要在茎蔓生长到30～40厘米时搭设棚架。棚架高1.8米左右，可用长2米左右的水泥预制柱或竹、木杆做立柱，下埋20～30厘米，1行栝楼1行立柱，每隔2～2.5米设立柱1根，2～3行间搭1横架。架子上面、两头、中间、四角拉上铁丝，以保持牢固。

牵引上架时，应选留生长健壮、旺盛的主茎1～2根，而根部多余的苗、架面以下藤蔓上的腋芽、雌花则应及时抹去，做到去早、去尽。主茎生长一段固定一段，用软绳轻系，以免损伤幼蔓。

（5）整枝修剪　修剪包括修枝和修根。栝楼主蔓开花结果迟，侧蔓开花结果早，所以要摘除主蔓，留侧蔓，以利增产。

（6）授粉　栝楼为雌雄异株植物，自然授粉受到一定的限制，使坐果率、结实率不高。为提高果实和种子产量，开花期间宜进行人工授粉或蜜蜂授粉。人工授粉应在早上6～7时，采下刚开放的雄花，将花药在雌花柱头上轻涂两下，每朵雄花可抹3～4朵雌花。为使雌株多结果，可按9：1栽植少量雄株。

4. 病虫害防治

栝楼的病虫害主要有：蔓枯病、斑枯病、炭疽病、白粉病、疫病、根腐病和根结线虫病、透翅蛾、黄守瓜、黑守瓜、瓜绢螟、甜菜夜蛾、瓜蚜、茄二十八星瓢虫、野蛞蝓等。

（1）炭疽病　由刺盘孢菌侵染所致，其发病的最适温度在24℃左右。该病常年发生，8～9月是主要危害期，其症状表现为叶片发病，首先出现水渍状斑点，逐渐扩大成不规则枯斑，病斑多时会互相融合形成不规则的大斑，病斑中部出现同心轮纹，严重时叶片全部枯死；果实发病，病斑首先出现水渍状斑点，后扩大成圆形凹陷，后期出现龟裂，发病严重的果实失水缩成黑色僵果；果柄发病可迅速导致果实死亡，损失最大。

防治方法　①以50%多菌灵500倍液浸种1小时，或150倍液农用链霉素浸种15分钟，或用温水浸种，可起到一定的预防作用。②在发病初期或具备发病气候时，及时喷布农药，可预防和控制该病的发生和蔓延，且以10%世高防治效果较好，其次为三唑酮、多菌灵。

（2）根腐病　为镰孢霉属尖镰孢和腐皮镰孢所致，且病原菌只侵染块根，对茎部不发生侵染作用。其症状表现为病株出苗偏晚，幼苗长势较弱，成株茎蔓纤细，叶片比健康叶片小，花少，结果率低，果实小，产量降低；地下块根发病时，先在块根上端发病，逐步向下端扩展。染病植株叶片变黄枯萎，茎基和主根变为红褐色干腐状，上有纵裂或红色条纹，侧根腐烂或很少，病株易从土中拔出，主根维管束变为褐色，湿度大时根部长出粉霉。

防治方法　①防治期为花期、结果初期，防治药剂可选用50%多菌灵可湿性粉剂500倍液，或70%敌磺钠可湿性粉剂600倍液，或20%噻菌铜400倍液，或70%噁霉灵可湿性粉剂3000倍液等灌根，每株250毫升，连浇2～3次，每次间隔5～7天。②施肥应重氮轻磷，为控氮增磷补钾，在生育的中后期应于根外追施磷、钾、锌等肥料，以增强植株自身的抗病力。

（3）黄守瓜　成虫咬食叶片，幼虫蛀食根部，甚至蛀入根内，常十几头或数十头群集为害，使植株枯萎而死。成虫以4月下旬至5月中旬危害最重，幼虫以6～8月危害最重。

防治方法　①与芹菜、莴苣等间作套栽可明显减轻虫害。②在植株周围撒施石灰粉、草木灰、锯末、稻糠等物，可防止成虫产卵。③幼虫期可用30倍烟碱水或90%敌百虫晶体1000倍液灌根，成虫盛发期可喷施80%敌敌畏乳油1000倍液。

（4）栝楼透翅蛾　幼虫为害茎蔓。初孵幼虫取食表皮，随着虫龄增大蛀入茎内并分泌黏液，刺激茎蔓形成虫瘿，阻碍养分的输送，使植株长势弱、结瓜少，重者整株枯死。

防治方法　①入冬前或早春刨栝盘，破坏虫茧的生存环境，降低越冬虫茧存活率。②7月上旬羽化高峰期，用80%敌敌畏乳油1000倍液喷在蔓叶上，杀成虫，减少产卵量；7月中下旬，幼虫钻蛀前，用18%杀虫双水剂300倍液在茎蔓上喷雾。③若幼虫已钻入茎内，将虫瘿剖开，用棉球蘸取杀虫药液塞入裂缝内毒杀高龄幼虫。

（5）瓜蚜　成虫、若虫群集在叶背面或嫩茎处吸取汁液，造成叶片生长缓慢、卷缩，严重时生长停滞、萎蔫死亡。此外，瓜蚜还可传播病毒，造成栝楼减产或绝收。瓜蚜的危害高峰期在5～6月和7月中旬至8月上旬，此时也是栝楼的生长高峰期。

防治方法　①利用蚜虫对黄色的趋性，在黄板上涂机油插于田间，粘杀有翅蚜。②选用10%吡虫啉可湿性粉剂1500倍液或25%吡蚜酮可湿性粉剂2000倍液、2.5%溴氰菊酯3000倍液喷雾防治。

五、采收加工

1. 采收

秋季，栝楼的果实陆续成熟，当其表皮有白粉，并变成淡黄色时，分批采摘，即成熟一批采收一批。采时，用剪刀在距果实15厘米处连茎剪下，悬挂通风干燥处晾干。

2. 加工

将瓜蒌置于室内堆积2～3天后，从果柄处编成串，挂于阴凉通风处晾干，约60天后，剪去果柄。瓜蒌要边采收边上架晒干，且采摘时应尽量保持外皮完整无损，晒干后的瓜蒌色泽鲜红，且切勿暴晒或烘烤，以防止变色，影响质量。

六、药典标准

1. 药材性状

本品呈类球形或宽椭圆形，长7～15厘米，直径6～10厘米。表面橙红色或橙黄色，皱缩或较光滑，顶端有圆形的花柱残基，基部略尖，具残存果梗。轻重不一。质脆，易破开，内表面黄白色，有红黄色丝络，果瓤橙黄色，黏稠，与多数种子粘结成团。具焦糖气，味微酸、甜。

2. 显微鉴别

本品粉末黄棕色至棕褐色。石细胞较多，数个成群或单个散在，黄绿色或淡黄色，呈类方形，圆多角形，纹孔细密，孔沟细而明显。果皮表皮细胞，表面观类方形或类多角形，垂周壁厚度不一。种皮表皮细胞表面观类多角形或不规则形，平周壁具稍弯曲或平直的角质条纹。厚壁细胞较大，多单个散在，棕色，形状多样。螺纹导管、网纹导管多见。

3. 检查

（1）水分　不得过16.0%。

（2）总灰分　不得过7.0%。

4. 浸出物

照水溶性浸出物测定法项下的热浸法测定，不得少于31.0%。

七、仓储运输

1. 仓储

瓜蒌片应储存于容器中，放置干燥通风处，并经常检查。自每年的5月份起，在未发生虫蛀的情况下，可用60°的白酒以1层瓜蒌片（厚度8～10厘米）喷洒1次的做法，逐层喷洒，然后密闭保存。既可杀死幼虫，又可防止成虫飞来排卵。用酒比例为100∶3。

严格控制使用单位，一般每次不超过3天用量，并做到清斗后再装新货，切不可新旧重叠，以免虫蛀霉变。

贮藏期间堆码不能过高，以防压碎，且需保持环境清洁、干燥，以防虫蛀和霉变。

一旦发生虫蛀，应该尽快将其置烈日下摊晒，短时间内即可杀死害虫；或置烘箱内60℃烘干，可有效杀死幼虫和虫卵；或置于蒸锅内，蒸20～30分钟，然后晾干。

2. 运输

瓜蒌商品药材运输时严禁与有毒、有害货物混装。要求运输车辆清洁、干燥、通风、防潮。

八、药材规格等级

根据市场流通情况，均为统货，不分等级（图3）。入药一般切片或切丝（图4，图5）。

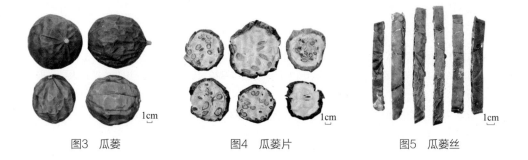

图3　瓜蒌　　　　　　　　图4　瓜蒌片　　　　　　　　图5　瓜蒌丝

九、药用价值

瓜蒌可清热涤痰、宽胸散结、润燥滑肠。用于肺热咳嗽、痰浊黄稠、胸痹心痛、结胸痞满、乳痈、肺痈、肠痈、大便秘结等。

（1）治小儿膈热，咳嗽痰喘，甚久不瘥　瓜蒌实一枚。去子，为末，以面和作饼子，炙黄为末。每服一钱，温水化乳糖下，日三服，效乃止。

（2）治喘　瓜蒌两个，明矾一块，如枣子大，入瓜蒌内，烧煅存性，为末。将萝卜煮烂，蘸药末服之，汁过口。

（3）治小结胸病，正在心下，按之则痛，脉浮滑　黄连50克，半夏（洗）250克，瓜蒌实大者一枚。上三味，以水六升，先煮瓜蒌，取三升，去滓，内诸药，煮取二升，去滓，分温三服。

（4）治胸痹，喘息咳唾，胸背痛，短气，寸口脉沉而迟，关上小紧数　瓜蒌实一枚（捣），薤白半斤，白酒七升。上三味，同煮取两升，分温再服。

（5）治胸痹不得卧，心痛彻背　瓜蒌实一枚（捣），薤白150克，半夏250克，白酒一斗。上四味，同煮取四升，温服一升，日三服。

（6）治吐血　瓜蒌取端正者，纸筋和泥通裹，于顶间留一眼子，煅存性，地坑内合一宿，去泥捣罗为散。每服三钱匕，糯米饮调下。

（7）治小儿黄疸，脾热眼黄，并治酒黄　瓜蒌青者焙为末。每服5克，水一盏，煎七分，去滓，临卧服，五更泻下黄物立可。

（8）治乳痈及一切痈疽初起，肿痛即消，脓成即溃，脓出即愈　瓜蒌一个（研烂），生粉草、当归（酒洗）各25克，乳香、没药各5克。上用酒煎服，良久再服。

参考文献

[1]　孟冬林，杨效奎，黄卫华，等. 栝楼生育特性及高产栽培技术[J]. 农技服务，2007（6）：108.

[2]　刘苗苗，郭庆梅，周凤琴. 瓜蒌栽培技术和病虫害综合防治研究概况[J]. 山东中医药大学学报，2014，38（2）：183–185.

[3]　李洋. 瓜蒌栽培技术和实施要点研究[J]. 农民致富之友，2017（6）：164–165.

[4]　康二勇. 栝楼的栽培技术[J]. 畜牧与饲料科学，2010，31（1）：80–82.

[5]　杨廷桢，高敬东，杨明霞，等. 栝楼的经济价值及栽培技术要点[J]. 甘肃农业科技，2003（10）：48–49.

[6]　赵宏义. 沿江江南栝楼高产栽培技术[J]. 安徽农学通报，2009，15（17）：240–241.

[7]　徐和兴，王长水. 瓜蒌的生物学特性及配套栽培技术[J]. 上海农业科技，2008（2）：80–81.

[8]　徐储来，高健强，葛良诚. 栝楼栽培与采收加工[J]. 安徽林业科技，2002（5）：14–15.

[9]　林邦宜. 栝楼病虫害及综合防治技术[J]. 安徽农学通报，2008，14（13）：151–152.

[10]　巢志茂. 瓜蒌栽培生产和加工贮存环节病虫害防治研究进展[J]. 中国中医药信息杂志，2009，16（9）：100–102.

[11]　孙玉平，吴彩玲，徐劲峰. 瓜蒌主要病、虫、草害及其无公害生产技术[J]. 安徽农学通报，2003，9（4）：81–82.

[12]　王先结，汪阳耕. 瓜蒌主要害虫的防治技术[J]. 植保技术与推广，2000，20（2）：23.

[13]　张贵君. 中药商品学[M]. 北京：中国中医药出版社，2002：283–284.

[14]　孙爱萍，梁金芳. 瓜蒌的保存与储藏[J]. 山东中医杂志，2001，20（4）：238–239.

[15]　赖茂祥，黄云峰，胡琦敏，等. 栝楼规范化生产标准操作规程（SOP）（试行）[J]. 现代中药研究与

实践，2013，27（1）：4–8.

[16] 高培培，章艺，刘鹏，等. 药用植物栝楼的研究进展[J]. 贵州农业科学，2011，39（6）：77–79.

[17] 陈瑞生，陈相银，张露露. 瓜蒌的药用价值[J]. 首都医药，2013，20（3）：43.

[18] 黄璐琦，詹志来，郭兰萍. 中药材商品规格等级标准汇编（第二辑）[S]. 中国中医药出版社，2019：1151–1158.

半枝莲

ban zhi lian

本品为唇形科植物半枝莲*Scutellaria barbata* D. Don的干燥全草。

一、植物特征

多年生草本。叶对生，卵形至披针形；茎下部的叶有短柄，顶端的叶近于无柄。花单生于茎或分枝上部叶腋内；苞片披针形；花萼钟形，在花萼管一边的背部常附有盾片；花冠浅蓝紫色；二强雄蕊；子房4裂，花柱完全着生在子房底部，顶端2裂。小坚果球形。花期、果期4～7月。（图1）

图1 半枝莲

二、资源分布概况

半枝莲分布于河北、山东、陕西、河南、江苏、浙江、台湾、福建、江西、湖北、湖南、广东、广西、四川、贵州、云南等省（区）。

三、生长习性

半枝莲生于池沼边、田边或路旁潮湿处，喜温暖湿润气候，宜选疏松肥沃，排水良好的壤土或砂质壤土栽培。

四、栽培技术

1. 选地整地

（1）选地　无公害中药材产地应选择在生态条件良好、远离污染源、并具有可持续发展能力的最佳农业生产区域。半枝莲适应性强，喜温暖气候和湿润、半阴半阳的环境，宜选择疏松、肥沃、排水良好的土壤种植，忌积水。

（2）整地　播种前将土地耕翻1次，施足基肥，施腐熟农家肥15吨/公顷、复合肥或饼肥375千克/公顷。施肥后，开畦120厘米宽耙平，整细，喷洒1次除草剂，以备种植。

2. 播种

半枝莲用种子繁殖，在春、夏、秋三季均可播种，一般在3月下旬至7月上旬播种。播种分育苗移栽和大田直播两种方法。

（1）育苗移栽　准备苗床宽120厘米，施足底肥，整细耧平。种子要求纯度≥80%，净度≥80%，含水量、发芽率达到该药材品种的优良等级，外观具本品种色泽，无霉变。播前除去杂质、秕籽及霉变、虫伤的种子。一般采用温水浸种催芽，待种子露白后播种，播种量15克/平方米。播种前，每10克种子可拌1千克细湿土，反复拌匀，再均匀地播入苗床，不覆土，覆盖草或薄膜，每天或隔天浇1次水，保持土壤湿润，7～14天即可出苗。如见大部分出苗，即揭去覆盖物，并应继续喷水，待苗出齐为止。小苗长至5厘米时，即可大田移栽。春季育苗的于秋季9～10月移栽，秋季育苗的于第2年3～4月移栽。按行距25～30厘米开横沟，每隔7～10厘米栽1株。穴栽按株行距各20厘米栽植，每穴栽1株，栽后覆土压实，浇透定根水。

（2）大田直播　在整好的大田里条播，行距30厘米。播种时把种子均匀地撒播条穴内，微盖疏松的细肥土或草木炭，厚度不得超过0.5厘米。播后15天内要绝对保持土壤湿润。为了保证大田直播的种子全部萌发，一般宜在阴雨连绵、天气温暖时播种。（图2）

3. 田间管理

图2　半枝莲田间种植

直播的在苗高5～8厘米时，进行匀苗、补苗。无论穴播或条播，均将弱苗和过密的幼苗拔除；发现有缺苗的，要立即补苗，宜带土移栽。采用种子繁殖的，在间苗后进行第1次中耕除草和追肥，用清淡人畜粪15吨/公顷。第2年起相继进行3～4次，可于3月上旬分枝期与5月、7月、9月收获后各进行1次，中耕以后每次施人畜粪水22.5～30.0吨/公顷，也可适当施些硫酸铵。施肥中应底肥与追肥配合使用，有机肥与无机肥搭配，适当增施磷、钾肥，控制氮肥用量；应施用高温堆肥及充分腐熟的有机肥料。禁止使用硝酸盐类无机肥料、未腐熟的人畜粪尿、未获准登记的肥料产品和未经无害化处理的城市生活垃圾、工业垃圾及医院垃圾和粪便。苗期要经常保持土壤湿润，遇干旱季节及时灌溉。生产实践证明，适时灌水，合理施肥，可使植株生长健壮，地块发病少，反之则发病重。雨季及时疏沟排水，防止积水淹根苗。一般连续栽培3～4年后，由于根蔸老化，萌发力减弱，需进行根蔸更新或重新播种。

4. 病虫害防治

半枝莲在整个生长期间几乎没有病害。但在第2花期易发生蚜虫和菜青虫。蚜虫于4～6月发生，用10%吡虫啉可湿性粉剂300克/公顷喷雾防治。菜青虫于5～6月发生，用2.5%敌杀死乳油3000倍液，或5%抑太保乳油1500倍液喷杀。

五、采收加工

半枝莲在开花盛期采集全草，选晴天，自茎基离地面2～3厘米处割下，留茎基以利萌发新枝。洗净根泥，晒干可出售，以色纯青为准，无根的药材部分也收购，即盛花期用快刀割取地上部分，拣除杂草，捆成小把，晒干或阴干即成；然后中耕除草，施氮肥1次，一般每年可收割3～4茬。每年6～8月份均可进行采收，但以茎叶茂盛的7月份采收者为佳。667平方米产干品203千克，折干率27.6%。

六、药典标准

1. 药材性状

本品长15～35厘米，无毛或花轴上疏被毛。根纤细。茎丛生，较细，方柱形；表面暗紫色或棕绿色。叶对生，有短柄；叶片多皱缩，展平后呈三角状卵形或披针形，长1.5～3厘米，宽0.5～1厘米；先端钝，基部宽楔形，全缘或有少数不明显的钝齿；上表面暗绿色，下表面灰绿色。花单生于茎枝上部叶腋，花萼裂片钝或较圆；花冠二唇形，棕黄色或浅蓝紫色，长约1.2厘米，被毛。果实扁球形，浅棕色。气微，味微苦。

2. 显微鉴别

（1）茎横切面　茎类方形。表皮细胞1列，类长方形，外被角质层，可见气孔、腺鳞。四棱脊处具2～4列皮下纤维，木化。皮层细胞类圆形。内皮层细胞1列。中柱鞘纤维单个或2～4（～12）个成群，断续排列成环，四角较密集，壁较厚。维管束外韧型，四棱脊处较为发达。韧皮部狭窄。形成层成环。木质部由导管、木纤维和木薄壁细胞组成。髓部宽广，薄壁细胞类圆形，大小不等，可见壁孔，中部常呈空洞状。

（2）粉末特征　叶片粉末灰绿色。叶表皮细胞不规则形，垂周壁波状弯曲，气孔直轴式或不定式。腺鳞头部4～8细胞，直径24.5～38.5微米，高约25微米，柄单细胞。非腺毛1～3（～5）细胞，先端弯曲，长60～150（～319）微米，具壁疣，毛基部具放射状纹理。腺毛少见，头部1～4细胞，柄1～4细胞，长约80微米。

3. 检查

（1）水分　不得过12.0%。

（2）总灰分　不得过10.0%。

（3）酸不溶性灰分　不得过3.0%。

4. 浸出物

照水溶性浸出物测定法项下的热浸法测定，不得少于18.0%。

七、药材规格等级

统货。足干，常缠结成团，茎细，方柱形，暗紫色或棕色（图3）。叶片皱缩，暗绿色或灰绿色。气微，味微苦。无杂质，无泥沙，无枯死草，无霉坏。

1cm

图3　半枝莲统货

八、仓储运输

1. 仓储

仓库应具有防虫、防鼠、防鸟的功能；要定期清理消毒和通风换气，保持洁净卫生；不应和有毒、有害、有异味、易污染物品同库存放。

2. 运输

运输车辆的卫生合格，温度在16～20℃，湿度不高于30%，具备防暑、防晒、防雨、防潮、防火等设备，符合装卸要求；进行批量运输时应不与其他有毒、有害、易串味物质混装。

九、药用价值

（1）治疗癌症　多与白花蛇舌草、半边莲等组成复方配伍用于多种肿瘤的治疗。

（2）抗菌消炎　清热解毒，活血消肿。

（3）治疗尿道炎　用于尿道炎和小便带血等常见疾病，在治疗时需要取新鲜半枝莲50克，加清水煎制，煎好以后放入少量冰糖调味，调匀以后可以直接服用，每天早晚各服用1次效果最好。

参考文献

[1]　江苏省植物研究所. 江苏植物志[M]. 南京：江苏科学技术出版社，1982：699.

[2]　余启高. 半枝莲高产栽培技术[J]. 河北农业科技，2008，1（17）：12.

[3]　尹平孙. 半枝莲栽培要点[J]. 农家科技，2006，1（3）：35.

[4]　张秀高. 半枝莲的栽培技术[J]. 时珍国药研究，1991，2（2）：79.

[5] 张燕. 半枝莲的栽培技术[J]. 中国中药杂志，1990，15（7）：19–20.

[6] 邹箴蕾，吴启南. HPLC测定不同采收时间半枝莲中的野黄芩苷含量[J]. 现代中药研究与实践，2005，19（2）：45–46.

[7] 姚振生. 药用植物学[M]. 北京：中国中医药出版社，2002：337.

半夏
ban xia

本品为天南星科植物半夏*Pinellia ternata*（Thunb.）Breit. 的干燥块茎。

一、植物特征

块茎圆球形。叶2～5枚，有时1枚。叶柄顶头有珠芽，珠芽在母株上萌发或落地后萌发；幼苗叶片卵状心形至戟形；老株叶片3全裂。佛焰苞绿色或绿白色。肉穗花序；附属器绿色变青紫色，直立，有时"S"形弯曲。浆果。花期5～7月，果期8月。（图1）

二、资源分布概况

我国除内蒙古、新疆、青海、西藏尚未发现野生的半夏，全国其他地区均有分布。

三、生长习性

图1 半夏

半夏根浅，喜温和、湿润气候，怕干旱，忌高温。夏季宜在半阴半阳中生长，畏强光；

在阳光直射或水分不足条件下，易发生倒苗。其耐阴、耐寒，块茎能自然越冬。15～26℃为半夏最适生长温度，30℃以上生长缓慢，超过33℃而又缺水时开始出现倒苗现象，以地下块茎度过不良环境。当秋季凉爽时，苗又复出，继续生长，秋后低于10℃时开始枯叶。半夏的块茎、珠芽、种子均无生理休眠特性；种子寿命为1年。可栽培于林下或果树行间，或与其他作物间作，用块茎、珠芽或种子繁殖。一般对土壤要求不严，除盐碱土、砾土、过沙、过黏以及易积水之地不宜种植外，其他土壤均可，但以疏松肥沃的砂质土壤为好。

四、栽培技术

1. 选地整地

（1）选地　选取土质疏松肥沃、透水、透气性良好，pH6～7的土壤。忌黏土及瘠薄土壤。生产区最好具有良好的周边森林植被。在平原地区种植半夏，需选择能浇能排、地势较高的地块，种植前一定要挖好排水沟。

（2）整地　于10～11月，深翻土地，除去石砾及杂草，使其风化熟化。半夏生长期短，基肥对其有着重要的作用，结合整地，施入厩肥或堆肥30吨/公顷，过磷酸钙750千克/公顷，翻入土中作基肥。于播前再耕翻1次，然后整细耙平，做宽1.3米的高畦，畦沟宽40厘米，或浅耕后做成宽0.8～1.2米的平畦，畦埂宽30厘米、高为15厘米。

2. 环境条件

（1）土壤　土层深厚肥沃，排灌方便，砂质疏松；有机质含量在1.12%以上，全盐量在0.11%以下，pH低于7.4的种植地抗倒苗好、产量高。

（2）温度　半夏喜温暖怕高温。地温达到8.5℃以上时，经过1周左右开始萌芽生根，气温升至13.5℃时开始出苗展叶，15～25℃为最佳生长气温，超过30℃生长受到抑制，35℃以上停止生长。

（3）光照　为耐阴植物，不同时期需光不同，春季苗期喜光照充足，幼苗生长迅速，光合作用增加，营养物质积累丰富；夏季花期忌强光，过强的直射光超过了半夏的光饱和点，光合效应受到抑制，易于倒苗。

（4）水分　半夏喜水怕旱，土壤含水量低于15%生长受到抑制；水分过多对半夏生长也会造成危害，含水量高于31%时，易于倒苗、块茎腐烂，还会导致土壤中缺氧，根部呼吸困难，生长受限。

（5）空气　根部适宜的土壤含氧量最佳范围为10%~15%，空气中氧浓度降到20%以下时，茎叶呼吸速率开始下降，降到5%以下呼吸困难。

（6）肥料　半夏所需元素中最多的是钾元素，块茎中氮∶磷∶钾的比例为0.5∶0.1∶4，缺钾时，叶呈古铜色，叶背面叶脉呈紫色。由于土壤中绝大部分的钾呈化合态，不能被半夏直接吸收，需要施用生物钾肥。

3. 繁殖方法

半夏有珠芽繁殖、种子繁殖和块茎繁殖3种繁殖方法。但种子萌发率不高，故一般不用种子繁殖。

（1）珠芽繁殖　半夏从春季到秋季均在不断萌发新的叶片。在块茎抽出叶后，每一叶柄中下部都长出1个珠芽。珠芽横径3~10毫米，长圆形，珠芽成熟后即可采收作种用。半夏的珠芽遇土即可生根发芽。将成熟的珠芽进行条栽，行距10~16厘米，株距6~10厘米，开穴，每穴放珠芽3~5个，覆土厚1.6厘米。同时，施入适量的混合肥，既可促进珠芽萌发生长，又能为母块茎增施肥料，有利增产（图2）。

图2　半夏种苗发芽

（2）种子繁殖　从秋季开花后约10天，佛焰苞枯萎采收成熟的种子，放在湿沙中贮存。翌年3月至4月上旬，在苗床上按行距5~7厘米，开浅沟条播，播后覆盖厚1厘米的细土，浇水湿润，并盖草保温保湿，15天左右即可出苗，苗高6~10厘米时，即可移植。

（3）块茎繁殖　半夏栽培2~3年，可于每年6月、8月、10月倒苗后挖取地下块茎。选横径粗0.5~1.0厘米、生长健壮、无病虫害的块茎作种，小种茎作种优于大种茎。将其拌以干湿适中的细砂土，贮藏于通风阴凉处，于当年冬季或翌年春季取出栽种。以春栽为好，秋冬栽种产量低。春栽宜早不宜迟，一般早春当5厘米地温稳定在6~8℃时，即可用温床或火炕进行种茎催芽。催芽温度保持在20℃左右时，15天左右芽便能萌动。2月底至3月初，雨水至惊蛰间，当5厘米地温达8~10℃时，催芽种茎的芽鞘发白时即可栽种（不催芽的也应该在这时栽种）。适时早播可使半夏叶柄在土中横生并长出珠芽，在土中形成的珠芽大，能很快生根发芽，形成新植株，并且产量高。栽前浇透水，块茎用5%草木灰液，或50%多菌灵1000倍液，或0.005%高锰酸钾液，或食醋300倍液浸泡块茎2～4小时，晾干后将块茎按大小分别栽植，行距16～20厘米，株距6～10厘米，穴深5厘米，每穴栽2块，覆土厚3～5厘米，需块茎750千克/公顷左右，大的块茎300千克/公顷左右。清明至谷雨，当气温稳定在15～18℃，出苗达50%左右时，应揭去地膜，以防膜内高温烤伤小苗。

4. 田间管理

（1）中耕除草　半夏属于浅根系植物，要适当密植，除草时尽量不使用锄头等工具，采用人工除草的方式。一般进行2～3次，重点放在幼苗期未封行前，要求除早、除小、不伤根，深度不超过5厘米，并分别在4月苗出齐后、5月下旬至6月上旬、第1代珠芽形成时、7月下旬第2代珠芽形成时，及时拔除。

（2）追肥、培土　半夏长出三叶或有缺肥症状时，追施速效生物肥，以钾肥居多，其次是氮肥、磷肥。追肥撒在植株周围，然后覆土，或在植株旁边开沟撒在沟内，或选择吸收良好的叶面肥，用喷雾器喷洒，注意叶正反面全要施用。半夏生长中后期可向叶面喷0.2%的KH_2PO_4溶液或500ppm的三十烷醇，以利于增产。根据珠芽的生长适时培土。追肥培土前保证无杂草，培土后畦面干燥及时浇水保墒。

（3）降温防倒苗　半夏生长到6月中下旬会由于高温而发生部分甚至绝大部分倒苗，采用在畦面上撒2～4厘米厚的当年新麦糠，可防止地面蒸发过度失水板结，导致高温倒苗。覆盖麦糠的厚度也可随当年的气温而定，温度偏高多盖；但遇多雨季节时则少盖或不盖，前期盖的，后期雨水大的时候需要去除麦糠，以防止湿度过大而烂根。半夏行间套做高秆作物可给半夏遮荫。

（4）灌溉和排水　半夏喜湿怕涝，温度低于20℃时，土壤含水量应保持在15%～25%；后期温度升高达20℃以上时，特别是高达30℃时，应使土壤的湿度达到20%～30%。9月以后，气温下降，湿度要适当降低，防止块茎的腐烂和减少块茎的含水量。培土以前使用渗透法，不能漫灌导致土壤易于板结；培土后，采用沟灌，浇透即可，禁止过量。灌溉时间选择在每天的9时前、15时以后，灌溉水应符合农田灌溉水质量标准。垄间沟既可作为灌溉用，也可作为排水使用，防止雨水多而积水，日常应特别注意垄间地头的排水通畅。

（5）其他管理　为了增加半夏产量，可及时摘除佛焰苞。南方湿度大，遇到雨水多的年份，地中积水不易排出去，容易导致烂根。发生腐烂后要及时抢收，否则腐烂的块茎会相互感染而发生大面积的烂根导致绝产。大块茎先烂，小块茎和珠芽后烂，在湿度较大时，先抢收大的块茎，并且抢时间加工。

半夏田间种植见图3。

5. 病虫害防治

目前国内已报道的半夏病害种类有茎腐病、根腐病、病毒病、叶斑病、半夏细菌性软腐病和立枯病。害虫主要有红天蛾、芋双线天蛾。半夏病害见图4。

（1）茎腐病　经病原学检测，茎腐病多为镰刀菌属侵染引起，少数由疫霉属侵染引

图3　半夏田间种植

图4　半夏病害

起。表现为地上部染病苗出土后在茎基部近地面处产生浅褐色水渍状斑，继而绕茎扩展，逐渐缢缩呈环线褐色状斑，幼苗倒伏地面死亡。湿度大时，生白色棉絮状菌丝。地下部染病苗出现基腐。常以病苗为中心向四周迅速发展，造成幼苗倒伏死亡。

防治方法 选择坡度为5°左右、疏松肥沃的砂质壤土，选用种径0.8～1.4厘米的块茎作种繁殖，催芽前使用0.5%～2%石灰水浸种12小时以上，浸种后在室外催芽至芽鞘发白时再播种。在半夏茎腐病发病初期，使用69%安克锰锌600倍液浇灌根部。

（2）病毒病 症状表现为感染时叶卷缩扭曲，或花叶畸形，植株矮小；半夏块茎小，有时不规则，不呈圆形或扁球形，影响产量及品质。如遇久晴或久雨时，感染更为严重。

防治方法 ①用种植2年以上的半夏采收种子：湿砂贮藏后，用赤霉素5×10⁻⁶处理进行催芽。然后茎尖脱毒，得到无毒种苗后，在大田栽培。用珠芽繁殖的方法，可得到大量的无毒种苗用于生产。②选无病植株苗种：用未感染病毒病的植株进行块茎繁殖、珠芽繁殖、种子繁殖。③及时防治蚜虫：可用20%芽螨灵800倍液喷雾，或用0.8%苦参碱内酯800倍液喷雾。

（3）叶斑病 生理性病变（经多次病原学镜检无病原菌，田间病健株互相交叉接触检测无相互感染）。叶斑病为真菌性病害，初夏时发生。发病时，病叶上出现紫褐色斑点，有圆斑、角斑，后期病斑上有许多小黑点，为它的分生孢子。发病严重时，病斑布满全叶，使叶片卷曲焦枯而死，无法给地下部提供养分，因此，损失相当严重。

防治方法 ①用50%的甲基托布津500倍液喷施，每7天施1次，连续2次，效果显著。②用1∶1∶120波尔多液在初夏时进行喷雾，每隔7天喷1次，连续2～3次。

（4）立枯病 立枯丝核菌主要引起植物的苗期猝倒病和立枯病，也引起禾谷类作物的纹枯病。半夏立枯病主要危害一年生幼苗，发病初期只见个别幼苗发病，病株茎基部产生椭圆形暗褐色病斑，早期病苗白天萎蔫，夜晚恢复，病斑逐渐凹陷，最后病部收缩干枯，病株死亡。在适合的环境条件下病害扩展迅速，叶和茎呈水渍状，逐渐变成灰白至灰褐色，常引起大面积幼苗枯死。当遇到持续潮湿的天气时，病部常出现白色蛛丝网状霉，发病后期在病株基部和土壤中有时出现浅褐色至深褐色的菌核。

防治方法 ①合理轮作倒茬。②适期播种：根据气候特点，适期早播。适播期在3月初至3月中旬。晚播如遇干旱少雨不利于出苗。③加强栽培管理。④化学防治：为防治种子带病，播种前进行石灰水浸种处理是很重要的，同时需对土壤进行消毒。

（5）红天蛾 以幼虫危害，大量咬食叶片，其食量很大，引起缺刻。发生严重时，叶片全部吃光，只剩叶脉。

防治方法 用20%杀来净800倍喷雾，喷2次，0.6%灭虫灵1500倍液喷雾。

五、采收加工

1. 采收

　　直播种子种植的宜在第2、3年采收，块茎繁殖的于当年或翌年采收。一般于夏、秋季茎叶枯萎倒苗后采挖，但以夏季芒种至夏至间采挖为好。起挖时选晴天小心挖取，避免损伤，抖去泥沙，放入筐内盖好，切忌暴晒，否则不易去皮。（图5）

图5　半夏田间采收

2. 加工

　　（1）筛选　用分级筛对半夏进行分级筛选，分级为直径大于2.0厘米、1.0～2.0厘米和小于1.0厘米。除了小于1.0厘米可留作种外，其余2种规格均按商品药材来处理。切忌用竹筛等器物筛选种材，因其极易损伤半夏块茎种皮，致使病菌污染。

　　（2）人工去皮　将堆放"发汗"（发酵）至刚好去皮的鲜半夏，装入麻袋，放入水洗，脚穿筒靴踩去外皮及须根，少数踩不干净者用手搓，直至把皮和须根全部去掉、洗净。

　　（3）机器去皮　用机器去皮，即用半夏去皮机。去皮时，先开机，然后加入适量（每次大约100千克）堆放至"发汗"后刚好去皮的鲜半夏。再加入适量河沙（大约5千克），边搅拌、边去皮、边用水冲走去下的皮和须根，直至把皮和须根全部去掉，将半夏洗干净。用半夏去皮机加工鲜半夏，方便、省时、省力。

　　（4）干燥　人工干燥有晾晒和烘干两种方法。

　　①晾晒：白天将去皮的半夏块茎，摊放在席子上、水泥地上或者其他便于收集的地方，晒干，并不断翻动，晚上收回平摊室内晾干，如此反复晾晒至全干。晾晒时，不能放在室外采露水，不能堆放，以防发霉。晾晒场地应干净清洁，禁止用硫黄等药剂熏蒸。

　　②烘干：烘干温度不宜过高，控制在35～60℃。要微火勤翻，燃烧物气体要用管道排放，避免污染半夏。切忌用急火烘干，造成外干内湿，会使半夏发霉变质。

六、药典标准

1. 药材性状

本品呈类球形，有的稍偏斜，直径0.7～1.6厘米。表面白色或浅黄色，顶端有凹陷的茎痕，周围密布麻点状根痕；下面钝圆，较光滑。质坚实，断面洁白，富粉性。气微，味辛辣、麻舌而刺喉。

2. 显微鉴别

本品粉末类白色。淀粉粒甚多，单粒类圆形、半圆形或圆多角形，直径2～20微米，脐点裂状、人字状或星状；复粒由2～6分粒组成。草酸钙针晶束存在于椭圆形黏液细胞中，或随处散在，针晶长20～144微米。螺纹导管直径10～24微米。

3. 检查

（1）水分　不得过13.0%。

（2）总灰分　不得过4.0%。

4. 浸出物

照水溶性浸出物测定法项下的冷浸法测定，不得少于7.5%。

七、仓储运输

1. 仓储

经麻袋或编织袋包装。本品应置干燥通风处保存，注意防蛀。生半夏有毒，应炮制后使用，保管中应注意安全。

2. 运输

批量运输时，不应与其他有毒、有害、易串味物质混装；运载容器应具有较好的通气性，以保持干燥，并应有防潮措施；运输时做到轻装、轻卸，严防机械损伤；运输工具要清洁、卫生、无污染、无杂物；运输途中严防日晒、雨淋，防止产品质量受到影响。

八、药材规格等级

半夏商品药材规格等级如下。

（1）一等　直径1.2～1.5厘米，大小均匀。每500克块茎数＜500粒。无外皮；无虫蛀；无霉变；杂质不得过3%。（图6）

（2）二等　直径1.2～1.5厘米，大小均匀。每500克块茎数500～1000粒。无外皮；无虫蛀；无霉变；杂质不得过3%。（图7）

（3）统货　直径1～1.5厘米。无外皮；无虫蛀；无霉变；杂质不得过3%。（图8）

图6　半夏一等

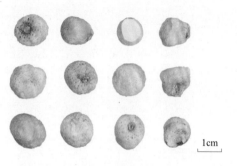

图7　半夏二等

图8　半夏统货

九、药用价值

半夏具有燥湿化痰，降逆止呕，消痞散结的功效。可用于湿痰寒痰，咳喘痰多，痰饮眩悸，风痰眩晕，痰厥头痛，呕吐反胃，胸脘痞闷，梅核气等多种病症；外可治痈肿痰核。此外，还有研究报道，半夏具有镇吐、催吐、抗心律失常、抗凝血、抗早孕、抗肿瘤、抑制腺体分泌、镇静催眠、降血压、促进细胞分裂等作用。

参考文献

[1] 刘静，孙婷，尚迪. 半夏栽培技术研究[J]. 安徽农学通报，2013，19（23）：34–35，73.

[2] 李西文，马小军，宋经元，等. 半夏规范化种植、采收研究[J]. 现代中药研究与实践，2005，19（2）：29–34.

[3] 杨燕，费改顺，贾正平，等. 半夏人工栽培技术及分子标记技术研究新进展[J]. 中药材，2010，33（2）：312–317.

[4] 陈宏. 半夏栽培技术[J]. 现代农业科技，2009（23）：140，144.

[5] 曾小群，彭正松. 野生半夏人工栽培条件下的生长与繁殖[J]. 中国中药杂志，2008，33（8）：878–883.

[6] 陈铁柱，周先建，张美，等. 赫章半夏GAP规范化种植标准操作规程（SOP）[J]. 现代中药研究与实践，2011，25（2）：8–12.

[7] 金义兰. 贵州省半夏病害种类调查及立枯病防治技术研究[D]. 贵阳：贵州大学，2009.

[8] 曾令祥，李德友. 贵州地道中药材半夏病虫害种类调查及综合防治[J]. 贵州农业科学，2009，36（1）：92–95.

[9] 冯礼斌，谢永江. 半夏茎腐病综合治理措施[J]. 四川农业科技，2008（7）：14.

[10] 虞秀兰，吴松，熊咏. 中药材半夏的栽培管理及病虫害防治[J]. 植物医生，2002，15（5）：15–16.

[11] 韩学俭. 半夏采收与加工技术[J]. 保鲜与加工，2001（5）：29.

[12] 卢先明. 中药商品学[M]. 北京：中国中医药出版社，2014：105.

[13] 李万军，马新焕，王建良. 半夏的药理作用[J]. 西部中医药，2012，25（9）：129–131.

[14] 吴明开，曾令祥，朱国胜，等. 半夏规范化生产标准操作规程（SOP）[J]. 现代中药研究与实践，2009，23（6）：3–7.

[15] 黄璐琦，詹志来，郭兰萍. 中药材商品规格等级标准汇编（第二辑）[S]. 北京：中国中医药出版社，2019：781–782.

苍术
cang zhu

本品为菊科植物茅苍术*Atractylodes lancea*（Thunb.）DC. 或北苍术*Atractylodes chinensis*（DC.）Koidz.的干燥根状茎。本文主要介绍茅苍术的相关内容。

一、植物特征

多年生草本。根状茎横走、呈结节状。叶互生，一般羽状5深裂；叶缘有不规则的刺状锯齿。头状花序顶生；叶状总苞5~6层；两性花与单性花多异株，两性花花冠白色，雄蕊5枚花管合生；子房下位，密被白色柔毛；单性花一般均为雌花。瘦果。花期、果期6~10月。（图1）

图1　茅苍术

二、资源分布概况

茅苍术主产于江苏句容、镇江、溧水及河南、湖北、浙江、安徽、江西等地，以河南桐柏、江苏句容和安徽太平为道地产区。苍术是人们使用最广泛的野生中药材之一，国内外需求量逐年上升；再加上人们的生活区域的扩大，使苍术的生存环境遭到严重的破坏。野生苍术因过度采挖，导致其野生资源急剧减少，自然恢复速度比不上采挖速度，在茅苍术的道地产区江苏省已将其列为省二级濒危中药材。随着中药材种植技术的发展，地处湖北省东部大别山区英山、罗田等地开始了大规模人工种植苍术，且当地野生苍术资源丰富，茅苍术的主产区已逐渐从江苏句容移至湖北大别山一带。

三、生长习性

生于低山阴坡、灌木丛中及较干旱处。性喜凉爽气候，能耐寒，怕高温、多湿环境。气温最高不能超过30℃，因高温时苍术生长受到抑制。种子在15℃以上开始萌发，幼苗出土后能经受短期霜冻。苍术对土壤要求不严，在疏松肥沃、排水良好的夹砂土上生长良好；酸性的黄红土壤或微碱性的砂质土壤均能栽培，过黏过沙的土壤不宜栽种，忌连作，轮作期要在5年以上。

四、栽培技术

1. 选地整地

（1）选地　栽培地宜选择新开垦的土地，或肥力中等的二荒地，过于肥沃的地块，会使得苍术苗生长过旺，造成徒长，抗病力差。

（2）整地　地选好后深翻土壤，减少病虫危害。播种时，将土地再浅耕一次，整平耙细后，做成宽1.3米的高畦，于畦面泼施人畜粪水作基肥，四周开好排水沟。在当年12月下旬至次年2月下旬适时栽种。栽时将苍术苗按大小分别移栽，种苗越大、产量越高。要选择顶端芽头壮、表皮细嫩、颈项细长、尾部圆大和个重5克左右的苍术苗作种栽培。按行距27厘米、株距20厘米、挖穴深7厘米。大苗每穴栽2个，栽时芽头向上，再盖上细沙土。以苍术芽头在土下4厘米左右为宜。不能盖土过深，以免影响出苗，使出苗不齐。每亩需苍术苗50千克左右。（图2）

2. 种植材料

苍术采用种子繁殖，于第一年播种培育"术栽"，第二年春季再用"术栽"种植。

3. 播种

（1）选种　于7月份在田间选择生长健壮、叶大秆矮、分枝少、无病虫害的植株苗作株，于现蕾时，选苗顶部生长良好、成熟一致的饱满花蕾5～6个，其余的一律摘除，以利

图2 苍术田间种植

于培育优良种子。在11月中上旬，当植株基部叶片萎黄，管状花部分开裂，露出白色冠毛时，收割果实，摊放在通风阴凉处几天，待管状花全开裂现出冠毛时，移至室外晒干，取出种子，再复晒扬净种子贮存备用。

（2）种子处理 播种前，选择新鲜、有光泽、饱满的种子，放入25～30℃的温水浸泡12小时后，捞出用麻袋装好，每天早晚用温水冲淋1次，约经过4～5天，待种子开始发芽时，即可取出播种。

（3）播种育苗 于3月下旬至4月上旬，地温在12℃以上时，为播种适宜期。在整好的畦面上横开沟条播，沟的行距27厘米，沟深5厘米。然后将发芽种子均匀播入沟内，播后覆盖火土灰，或厚约2厘米的细沙土。盖草保温、保湿，每亩用种量6～8千克，培育1亩苍术苗可栽培8～10亩。（图3）

4. 田间管理

（1）中耕除草 一般进行3～4次，结合追肥。第一次除草宜深，以促进根系发育生长，以后中耕除草宜浅，避免伤根。5月中旬封行后，不再中耕，遇大雨后，必须及时锄松表土，有利于保持土壤透气，促进苍术发育生长。

（2）追肥 一般追施3～4次，齐苗后进行第一次施肥，每亩施腐熟人粪尿1000千克。第二次于5月下旬根状茎开始发育膨大初期，每亩施较浓的粪水1500千克。第三次在7～8月上旬摘掉花蕾后5～7天，每亩施肥2000千克，加复合肥30千克，促进块根膨大，这次追肥是增产的关键。第四次于9月中下旬用1%过磷酸钙溶液进行叶面喷施，每10天喷施1次，共喷2～3次。总之，做到早施苗肥，重施摘蕾肥的施肥原则。

图3　苍术育苗

（3）排灌水　苍术忌渍水，大雨后，要及时清沟排水，否则容易发白绢病。若遇到干旱时，应及时灌水。注意不能有积水存在，过湿积水，易发根腐病，造成减产或无收。

（4）摘除花蕾　7月中旬至8月上旬，除留种子苗外，应分期分批将花蕾剪掉，使得养分集中于根状茎生长发育。除花蕾时，不要伤茎叶，以免影响苍术健壮发育。

5.病虫害防治

（1）立枯病　苍术苗期的病害，因早春低温，阴雨连绵时发病严重，病苗基部出现黄褐色的病斑，后扩大呈黑褐色干缩凹陷，使得幼苗折断而死。

防治方法　①选择砂质土壤种植。②雨后及时松土，并排好水。③发病初期用70%五氯硝基苯粉剂500克与细土25千克拌匀，撒施于病株周围或用5%石灰乳浇灌病株。

（2）白绢病　4月下旬发生，6~8月发病严重，危害根状茎，使得根状茎腐烂。可发现根状茎处有菌丝穿出地面，周围密布白色菌丝，并形成乳白色或茶褐色大小、似油菜籽状的菌核。在高温条件下蔓延很快，最后，根状茎溃烂，有臭味，而全株枯死。

防治方法　苍术栽种时，可用50%退菌特1000倍浸渍3~5分钟，晾干后，再栽种，效果较好。

（3）根腐病　4月下旬至5月上旬发病，6~8月发病严重。发病初期先是须根变褐色，呈干腐状，后逐渐蔓延至根状茎，使得全株变为褐色，养分不足导致地上茎叶很快萎缩，全株枯死。

防治方法　①苍术栽种前用50%退菌特1000倍消毒。②及时防治地下害虫危害根状茎。③发病初期及高峰期前用50%多菌灵800倍液进行灌溉。④合理密植，实行轮作，增施磷钾肥，提高植株抗病力。

（4）锈病　5～6月发病严重，病叶上出现梭形病斑、褐色、带黄绿色晕圈，叶背面有黄色颗粒状物、破裂后散发出黄色或铁锈色粉末。

防治方法　①搞好田间卫生，清除残枝落叶，集中烧毁。②发病初期喷97%敌锈钠300倍液或波美0.3度石硫合剂，每7～10天1次，连喷2～3次。

（5）蚜虫病　专门危害苍术茎叶，咬噬花蕾，于3月发生，4～8月危害严重，蚜虫密集在嫩叶及新梢上吸取汁液，使得叶色变黄，植株萎缩，造成发育不良。

防治方法　发病初期喷40%乐果乳剂1500倍液，每7～10天1次，连喷2～3次。

（6）其他害虫　地老虎、蛴螬、蛞蝓、白蚁等，可用石灰粉防治（图4）。

图4　苍术病虫害

五、采收加工

1. 采收

苍术栽后2年可以采收，次年10月下旬至11月上旬为采挖期，当苍术茎秆叶变黄褐色时，及时采挖。采挖应选晴天，小心地挖出苍术全部的根状茎，抖尽泥土，剪去茎秆叶。不能用水洗，以免降低药效，且需及时运回加工。

2. 加工

苍术运回后，立即晒干或炕干，不可堆放。用火炕时，先用大火，使得根状茎迅速失水，待表皮干硬时，降为文火，保持60℃左右；炕时要经常上下翻动，使干燥均匀，炕至八九成干时，趁热取出，除掉须根粗皮及泥土；然后再晒干或炕至全干，即成商品。

六、药典标准

1. 药材性状

呈不规则连珠状或结节状圆柱形，略弯曲，偶有分枝，长3～10厘米，直径1～2厘米。表面灰棕色，有皱纹、横曲纹及残留须根，顶端具茎痕或残留茎基。质坚实，断面黄白色或灰白色，散有多数橙黄色或棕红色油室，暴露稍久，可析出白色细针状结晶。气香特异，味微甘、辛、苦。（图5）

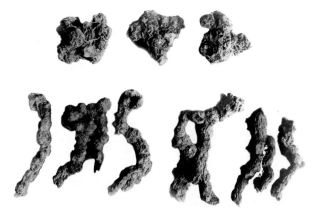

图5 苍术药材

2. 显微鉴别

本品粉末棕色。草酸钙针晶细小，长5～30微米，不规则地充塞于薄壁细胞中。纤维大多成束，长梭形，直径约至40微米，壁甚厚，木化。石细胞甚多，有时与木栓细胞连结，多角形、类圆形或类长方形，直径20～80微米，壁极厚。菊糖多见，表面呈放射状纹理。

3. 检查

（1）水分　不得过13.0%。
（2）总灰分　不得过7.0%。

七、仓储运输

1. 仓储

药材仓储要求符合《绿色食品　贮藏运输准则》（NY/T 1056—2006）的规定。仓库应具有防虫、防鼠、防鸟的功能；要定期清理、消毒和通风换气，保持洁净卫生；不应与非绿色食品混放；不应和有毒、有害、有异味、易污染物品同库存放；在保管期间如果水分超过14%、包装袋打开、没有及时封口、包装物破碎等，导致苍术吸收空气中的水分，发生返潮、结块、褐变、生虫等现象，必须采取相应的措施。

2. 运输

运输车辆的卫生合格，温度在16～20℃，湿度不高于30%，具备防暑、防晒、防雨、防潮、防火等设备，符合装卸要求；进行批量运输时应不与其他有毒、有害、易串味物质混装。

八、药材规格等级

本品野生品呈不规则连珠状或结节状圆柱形，略弯曲，偶有分枝；栽培品呈不规则团块状或疙瘩状，有瘤状突起。表面灰黑色或灰棕色。质坚实。断面黄白色或灰白色，散有橙黄色或棕红色朱砂点，露出稍久，可析出白色细针状结晶，气浓香，味微甘、辛、苦。

（1）选货　无残留茎基及碎屑，每500克≤70头。无变色；无走油；无虫蛀；无霉变；杂质不得过3%。（图6）

（2）统货　偶见残留茎基及碎屑，不分大小。无变色；无走油；无虫蛀；无霉变；杂质不得过3%。（图7）

图6　茅苍术选货

图7　茅苍术统货

九、药用食用价值

1. 临床常用

（1）治脾胃不和，不思饮食，心腹胁肋胀满刺痛，口苦无味，呕吐恶心，常多自利　苍术（去粗皮，米泔浸二日）五斤，厚朴（去粗皮，姜汁制，炒香）、陈皮（去白）各三斤二两，甘草（炒）三十两。上为细末。每服二钱，以水一盏，入生姜二片，干枣二枚，同煎至七分，去姜、枣，带热服，食前空腹；入盐一捻，沸汤点服亦得。

（2）治太阴脾经受湿，水泄注下，体微重微满，困弱无力，不欲饮食，暴泄无数，水谷不化，如痛甚者　苍术二两，芍药一两，黄芩半两。上锉，每服一两，加淡味桂半钱，水一盏半，煎至一盏，温服。

（3）治飧泄　苍术二两，小椒一两（去目，炒）。上为极细末，醋糊为丸，如梧桐子大。每服二十丸，或三十丸，食前温水下。一法恶痢久不愈者加桂。

（4）治膈中停饮，已成癖囊　苍术一斤，去皮，切末之，用生麻油半两，水二盏，研滤取汁，大枣十五枚，烂者去皮、核，研，以麻汁匀研成稀膏，搜和，入臼熟杵，丸梧子大，干之。每日空腹，用盐汤吞下五十丸，增至一百丸、二百丸。忌桃、李、雀、鸽。

（5）治脾经湿气，少食，湿肿，四肢无力，伤食，酒色过度，劳逸有伤，骨热　鲜苍术二十斤，浸去粗皮，洗净晒干，锉碎，用米泔浸一宿，洗净，用溪水一担，大锅入药，以慢火煎半干去渣，再入石楠叶三斤，刷去红衣，用楮实子一斤，川归半斤，甘草四两，切，研，同煎黄色，用麻布滤去渣，再煎如稀粥，方入好白蜜三斤，同煎成膏。每用好酒，空心食远，调三五钱服，不饮酒用米汤。有肿气用白汤，呕吐用姜汤。

（6）治牙床风肿　大苍术，切作两片，于中穴一孔，入盐实之，湿纸裹，烧存性，取出研细，以此揩之，去风涎即愈，以盐汤漱口。

2. 食疗及保健

（1）食疗　苍术为我国传统中药材之一，它气味辛烈，药性温和，能治疗多种疾病；亦是我国应用广泛的药食同源药材之一。因其具有降血糖、降血脂等功效，对于治疗高脂血症、糖尿病、脂肪肝、中风恢复期等均有明显疗效，而被广泛应用于民间膳食中。

①苍术炖猪肝：首先用温水清洗苍术，放入锅中用小火烘干，然后将干透的苍术捣碎磨为粉末。猪肝洗净后在冷水中汆汤3分钟左右，去除掉猪肝血水，将水分沥干待用。将磨好的苍术粉末涂抹在猪肝中间，将清水煮开后放入猪肝，撇去表面的浮沫后，用小火煮

至猪肝变熟断生，放入适当盐调味。

②苍术祛湿汤：苍术15克，泽泻15克，冬瓜250克，猪瘦肉500克，生姜片、盐、鸡精各适量。苍术、泽泻洗净；冬瓜洗净，切块；猪瘦肉洗净，切块。锅内烧水，水开后放入猪瘦肉，撇去血水。将苍术、泽泻、冬瓜、猪瘦肉、生姜片一起放入煲内，加入适量清水，大火煲沸后，用小火煲1小时，调味即可。

③苍术杜仲止痛酒：苍术、补骨脂、鹿角霜各9克，杜仲15克，白酒1瓶。将药材全部绞碎磨成粉末后放入密封器中，加入白酒完全密封，浸泡7天之后，用滤网过滤中药材渣后即可饮用。苍术杜仲止痛酒不仅具有温肾散寒、祛风利湿等功效，而且制法简便。

（2）保健品　以苍术为配方的保健品在市场很多，但无代表性的保健品。多数功效为辅助降血糖和减肥，如组方为苍术、川芎、玄参、山药、番木瓜乳汁粉等的"苍芎胶囊"；极少部分保健品有改善胃肠道功能的功效，如组方为沙棘、苍术、陈皮、明胶、甘油、水、柠檬黄、苋菜红、胭脂红、亮兰等的"欣胃软胶囊"。

参考文献

[1]　曾敏. 苍术饮片规格及其质量评价标准研究[D]. 武汉：湖北中医药大学，2013.

[2]　王铁霖，郭兰萍，张燕，等. 苍术常见病害的病原、发病规律及综合防治[J]. 中国中药杂志，2016，41（13）：2411–2415.

[3]　邓爱平，李颖，吴志涛，等. 苍术化学成分和药理的研究进展[J]. 中国中药杂志，2016，41（21）：3904–3913.

[4]　李强，杨全，李晓琳. 茅苍术种子发芽检验标准化研究[J]. 现代中药研究与实践，2017，31（1）：5–8.

[5]　戴红君，程金花，虞德容，等. 中药茅苍术研究进展[J]. 江苏农业科学，2016，44（11）：26–28，110.

[6]　黄璐琦，詹志来，郭兰萍. 中药材商品规格等级标准汇编（第一辑）[S]. 北京：中国中医药出版社，2019：455–461.

本品为蓼科植物虎杖*Polygonum cuspidatum* Sieb. et Zucc.的干燥根状茎和根。

一、植物特征

多年生粗大草本，一般高1米以上。主根粗壮，根状茎木质，黄褐色。茎中空。茎枝表面散生多数红色或紫褐色斑点。叶互生，阔卵形至近圆形；托叶鞘膜质。雌雄同株。圆锥花序；无花萼；花正面为白绿色，背面为浅绿色。子房上位。瘦果具翅。花期8月中旬至9月中旬，果期9月下旬至10月中旬。（图1）

图1 虎杖

二、资源分布概况

虎杖主产于江苏、浙江、江西、福建、山东、河南、陕西、湖北、云南、四川、贵州等地。常生长在海拔2500米以下的山沟、溪边、河边、山坡、林下阴湿处。大别山区虎杖主产于湖北省房县、英山、红安，安徽省岳西、霍山、金寨，河南省桐柏、信阳等地。

三、生长习性

虎杖喜温暖、湿润性气候，对土壤要求不十分严格，但低洼易涝地不能正常生长。根系很发达，耐旱力、耐寒力较强，返青后茎条迅速生长，长到一定的高度时开始分枝，叶片随之展开，开花前基本达到年生长高度。一般生于山沟、溪边、林下阴湿区、山坡及溪谷两岸灌丛边、沟边草丛及田野路旁。

四、栽培技术

1. 选地整地

（1）选地　林地选择地下水位较低、阴坡中下部、林分郁闭度0.3～0.5、要求土层深厚、质地疏松、肥沃的缓坡地。

（2）整地　秋冬季节，对规划栽植虎杖的林地内的灌木、杂草等采伐剩余物进行全面清理或等高线间隔1米堆积，按设计的株行距进行整地挖明穴（40厘米×30厘米×30厘米）；农田选择水资源丰富、土层深厚、质地疏松、肥沃的山垄田和耕地，栽前1个月翻耕晒土，要求细致整地做畦，畦宽在1～1.2米，长度因地制宜。

2. 种植方法

（1）选种　9月下旬至10月中旬，种翅由白绿色转变为黄棕色，种子乌黑发亮即可采集成熟种子，精选种粒饱满，净度98%以上，千粒重7.2克以上，发芽率85%以上的种子。种根选择长度10～20厘米，带芽2～3个，芽茎粗>0.5厘米、单株根重>50克，生长健壮、根系发达、无病虫害、无污染、商品性能良好的种根。

（2）播种育苗　秋季采集成熟的种子，进行撒播或条播。条播行距10～20厘米，开浅沟约1厘米，将种子播在沟内，按1～1.5克/平方米的播种量进行繁殖，用种肥或细泥覆盖并浇透水；撒播时直接将种子播在畦面，使分布均匀，播后覆盖一层种肥，浇透水。低温季节播种，要盖膜以保温、保湿，利于提早出苗；高温季节播种，要遮荫、定时浇水降温。出苗后，有3～5片真叶时要开始间苗、补苗，使幼苗在整个畦面分布均匀，保持1.6～2.4万株/公顷的密度，补植后要及时浇水，确保成活。10月中上旬至次年4月都适合播种，其中以春播为最佳；秋播一般出苗后在翌年4月中旬可封垄，春播一般在5月中旬可封垄。

（3）种根繁殖　也称根状茎繁殖。将虎杖地下根状茎，剪成10～20厘米长，带有2～3

个芽的种根，种根越粗越好。在畦面上按行距10～20厘米开好种植沟，再把种根放入沟内，种根的芽要朝上，须根要舒展，密度按株行距40厘米×50厘米。覆土3～5厘米，施一层种肥，浇透水。此法繁殖以春季最佳。

（4）分株繁殖　主要在生长季节进行，方法是将虎杖的种苗，按地上丛生主茎每1株分掰成种苗。每株种苗要求地下根状茎长10～15厘米左右，地上茎在生长初期，留2～3节，叶2～3片；在速生期，留3～5节，2～3轮侧枝，每轮侧枝上留3～5张叶片；在生长后期，留3～5节，2～3轮侧枝，每轮侧枝上留叶3～5片，多余部分的枝叶剪去。按株行距40厘米×50厘米开沟种植，每穴1株，定植后施一层种肥，浇透水。此法繁殖于春、夏、秋三季均可进行，但以春、夏季节移植最佳。

（5）组培育苗　选择当年抽出的嫩茎作为外植体，以MS为基本培养基。在培养基pH为5.8，培养温度为（25±2）℃，每日光照10小时，光照度1000～2000勒克斯条件下进行不定芽和生根诱导，形成完整植株，并进行移栽炼苗，半个月后再移到自然条件下进行培育。

（6）栽植　无论田间或林地，一年四季均可栽植，但以春季最为适宜。田间初植密度以株行距40厘米×50厘米或40厘米×40厘米，每亩植2000～2500株为宜；林地初植密度以株行距0.5米×1.0米或1.0米×1.0米，每亩植1600～2600株为宜。栽植前对种根进行分级，栽植要做到苗正、根舒、芽朝上、不打紧，填表层松土，覆土3～5厘米，使整个穴面高出地面5～10厘米（图2）。

3. 田间管理

（1）深翻改土，熟化土壤　深翻扩穴主要对林地虎杖进行，在秋季枯萎落叶后沿植株

图2　虎杖田间种植

根系生长点外围开始，逐年向外扩展40～50厘米。回填时混以绿肥或腐熟有机肥等，表土放在底层，心土放在表层。

（2）中耕除草与培土　在生长季节进行人工锄草，尽量不使用除草剂。新造林林地栽植的虎杖，结合幼林抚育进行人工锄草。一年中耕1～2次，深度8～10厘米，同时培土8～10厘米。

（3）间苗补苗　播种出苗后，幼苗有5～8片真叶时要开始间苗、补苗。幼苗过密的地方要进行疏苗，幼苗株距过大的地方要及时补植，使幼苗在整个畦面分布均匀，保持1.6万～2.4万株/公顷。补植后要及时浇水，确保成活。

（4）科学施肥　虎杖栽植后要视土壤肥力状况和植株长势，及时施肥。结合整地深翻，每亩施入绿肥或腐熟有机肥等基肥1000～3000千克。在生长季节，结合人工锄草和扩穴培土追施速效肥料1～3次，肥料种类以无机矿质肥料为主，并配施生物菌肥和微量元素肥料，追肥用量以2～5克/平方米为宜。追肥时期分别为4月、6月和9月上旬，以采收茎叶为主的田间栽培，在每次采割后追肥1次速效肥料。施肥方法：林地栽培采用放射状沟施，田间栽培采用沟施或兑水浇施。

（5）水分管理　灌溉水的质量应符合《农田灌溉水质标准》（GB 5084—2005）中的规定。选择早上和傍晚，在定植期、嫩芽萌发期、幼苗生长期、畦面土壤开始发白以及发生干旱或施肥后应及时灌溉或浇水，使土壤经常保持湿润状态。在多雨季节或栽培地积水时要及时排水，尤其是在高温高湿时，要加强通风，减少病虫害发生，提高虎杖产量和质量。

4. 病虫害防治

（1）金龟子、叶甲防治　金龟子、叶甲从5月上旬开始发生，危害相对集中，主要取食茎嫩顶梢和叶片，危害严重时，整株叶片被吃光，而且速度很快。

防治方法　利用金龟子、叶甲假死性，振落地上人工捕杀，或利用金龟子、叶甲的趋光性进行黑光灯诱捕杀灭，效果达90%以上；用氯化乐果2000倍液喷雾杀死金龟子、叶甲成虫，防治效果达90%以上；或施放"林丹"烟剂，用药量22.5～37.5千克/公顷，防治效果达80%以上。

（2）蛾类害虫　主要发生在5月上旬以后，幼虫在每次采割萌发复壮的幼嫩植株上取食叶片和嫩梢，严重影响茎叶生长和产量。

防治方法　在傍晚或清晨，叶面露水未干时，每亩施放白僵菌烟雾剂2～3枚防治；把毛虫振落地上人工捕杀；利用赤眼蜂等天敌进行生物防治，防治率达90%以上。

（3）蛀干害虫　5月中旬期间，蛀干幼虫取食虎杖茎叶，影响发育，严重时，植株倒伏。

防治方法　割开茎干，取出虫体人工捕杀；用棉花沾上1000倍氧乐果药液，堵住洞口，闷死害虫。

（4）蚜虫　从5月上旬至落叶前均有发生，主要危害期是在采割后复壮的嫩叶和嫩梢上，使嫩梢和嫩叶的生长受到抑制，严重时使正在生长的嫩梢枯萎。

防治方法　使用稀释500～1000倍80%的敌敌畏乳油在下雨的间隙抢施，防治效果好，可达90%以上；利用瓢虫、草蛉等天敌防治；采取保护天敌、施放真菌、人工诱集捕杀、清除枯枝杂草等病虫残物、选育和推广抗性品种、施用农药等综合防治，控制蚜虫危害。

（5）白蚁　一年四季均可发生，主要生在林下土壤中，危害虎杖根状茎。

防治方法　采用呋喃丹撒施土壤，毒死地下害虫。或用市场上销售的"灭蚁灵"药剂防治，蚁药放在白蚁穴中，让蚁食用，干扰白蚁神经，使其互相撕咬而死。或设置黄油板、黄水盆等诱杀白蚁。

五、采收加工

1. 采收

（1）茎叶采收　5月上旬开始，间隔2个月采割1次，每年采割3～4次。

（2）根状茎和根采收　每隔2～3年采挖1次，秋冬季节采挖（图3）。

2. 加工

茎叶及时干燥；根状茎和根除去须根，洗净，趁鲜切短段或厚片，晒干。

图3　虎杖根采收

六、药典标准

1. 药材性状

本品多为圆柱形短段或不规则厚片，长1～7厘米，直径0.5～2.5厘米。外皮棕褐色，有纵皱纹和须根痕，切面皮部较薄，木部宽广，棕黄色，射线放射状，皮部与木部较易分离。根状茎髓中有隔或呈空洞状。质坚硬。气微，味微苦、涩。

2. 显微鉴别

本品粉末橙黄色。草酸钙簇晶极多，较大，直径30～100微米。石细胞淡黄色，类方形或类圆形，有的呈分枝状，分枝状石细胞常2～3个相连，直径24～74微米，有纹孔，胞腔内充满淀粉粒。木栓细胞多角形或不规则形，胞腔充满红棕色物。具缘纹孔导管直径56～150微米。

3. 检查

（1）水分　不得过12.0%。

（2）总灰分　不得过5.0%。

（3）酸不溶性灰分　不得过1.0%。

4. 浸出物

照醇溶性浸出物测定法项下的冷浸法测定，用乙醇作为溶剂，不得少于9.0%。

七、仓储运输

1. 包装

选用不易破损、干燥、清洁、无异味的包装材料密闭包装，且在包装前应再次检查是否已充分干燥，并清除劣质品及异物。包装要牢固、密封、防潮，能保持品质。

2. 仓储

药材仓储要求符合《绿色食品　贮藏运输准则》（NY/T 1056—2006）的规定。仓库应具有防虫、防鼠、防鸟的功能；要定期清理、消毒和通风换气，保持洁净卫生；不应与非绿色食品混放；不应和有毒、有害、有异味、易污染物品同库存放。药材应置阴凉、干燥、通风、清洁、遮光处保存，温度30℃以下，相对湿度70%～75%为宜。高温高湿季节前，要按件密封保藏。保存时间不宜太久，小于6个月最好，否则内含物会降低。

3. 运输

运输工具必须清洁、干燥、无异味、无污染，具有良好的通气性，运输过程中应注意防雨淋、防潮、防暴晒。同时不得与其他有毒、有害、有污染、易串味的物质混装。

八、药材规格等级

本品多为不规则厚片，或圆柱形短段。外皮棕褐色，有纵皱纹及须根痕，切面皮部较薄，木部宽广，棕黄色，射线放射状，皮部与木部较易分离。根状茎髓中有隔或呈空洞状。质坚硬。气微，味微苦、涩。

（1）选货　长4.5～7.0厘米，直径1.5～2.5厘米；杂质含量<1%。无虫蛀；无霉变。（图4）

（2）统货　长1.0～7.0厘米，直径0.5～2.5厘米；杂质含量<3%。无虫蛀；无霉变。（图5）

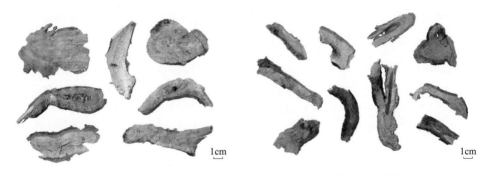

图4　虎杖选货　　　　　　　　　　　　　　图5　虎杖统货

九、药用价值

1. 功能主治

（1）活血祛瘀　虎杖味苦，入肝经，则入血分，故能活血祛瘀，常用于经闭、风湿痹痛、跌打损伤等证。

（2）清热利湿　虎杖苦寒，苦能燥湿，寒能清热，又入肝胆两经，故能清热利湿，常用于黄疸、淋浊带下等病。

（3）化痰止咳　虎杖能清热利湿，去湿消痰，又入肺经，故能化痰止咳。常用于肺热咳嗽。若因风热犯肺，肺失宣肃，肺气上逆，症见咳嗽频剧，气粗或咳声嘎哑，喉燥咽痛，咯痰不爽，痰黏稠或稠黄，咳时出汗，常伴鼻流黄涕，口渴，头痛，肢体酸楚，恶风，身热，舌苔薄黄，脉浮数。可用虎杖清热祛风，化痰止咳。

（4）解毒止痛　虎杖苦寒，入血分则凉血泻火，解毒止痛。常用于血瘀疮痈等证。

（5）凉血止血　虎杖苦寒，入肝经，能凉血止血。故可用本品治疗痔漏下血，取其清热凉血止血之功效。

（6）泻热通便　虎杖苦寒，苦能通泄，寒能清热，故能泻热通便。常用于热结便秘。本病多因素体阳盛，恣饮酒浆，过食辛热厚味，以致肠胃积热，耗伤津液所致。症见大便干结，小便短赤，面红身热，或兼有腹胀腹痛，口干口臭，舌红苔黄，脉滑数。

2. 临床常用

（1）治月水不利　虎杖三两，凌霄花、没药一两。为末。热酒每服一钱。

（2）治月经不通，腹大如瓮，气短欲死　虎杖根一斤（去头去土，暴干，切），土瓜根、牛膝各取汁二斗，以水一斛。浸虎杖根一宿，明日煎取二斗，内土瓜、牛膝汁，搅令调匀，煎令如饧。每以酒服一合。日再夜一。宿血当下，若病去，止服。

（3）治时疫流毒攻手足及肿痛欲断　虎杖根，煮汁渍之。

（4）治消渴引饮　虎杖烧过、海浮石、乌贼鱼骨、丹砂。等分为末。渴时以麦门冬汤服两钱，每日3次，忌酒、鱼、酱、生冷。

参考文献

[1]　潘标志，王邦富. 虎杖规范化种植操作规程[J]. 江西林业科技，2008（6）：33–35.

[2]　冉先德. 中华药海（精华本）[M]. 北京：东方出版社，2010：336–340.

[3]　肖培根，连文琰. 中药植物原色图鉴[M]. 北京：中国农业出版社，1999：66.

[4]　谢加贵，何春梅，王丛丛，等. 虎杖繁殖及栽培技术研究进展[J]. 林业与环境科学，2019，35（3）：124–127.

[5]　黄璐琦，詹志来，郭兰萍. 中药材商品规格等级标准汇编（第二辑）[S]. 北京：中国中医药出版社，2019：1247–1252.

茯苓

fu ling

本品为多孔菌科真菌茯苓*Poria cocos*（Schw.）Wolf的干燥菌核。

一、真菌特征

茯苓菌核多呈球状、不规则块状或长椭圆形。表面凹凸不平，有皱纹及瘤状突起，淡灰棕色或黑褐色，断面近外皮处带粉红色，内部白色。子实体平伏，伞形，生长于菌核表面成一薄层，幼时白色、老时变浅褐色。菌管单层，孔为多角形。担子棒状，担孢子椭圆形至圆柱形，一端尖，平滑，无色。有特殊气味。寄生于松科植物马尾松、赤松等树的根上。（图1）

图1　茯苓菌核

二、资源分布概况

野生茯苓产地由宋代以前中原地区的山东、陕西、河南等地变迁至明初的浙江和清初的云南，至今云南仍有少量野生茯苓出产，在清朝时出现了以云南产的茯苓作为道地药材的时期。而栽培茯苓的出现最早可追溯到南北朝时期，南宋时期技术成熟。

茯苓适应能力强，野生资源分布广泛，以中国、日本、印度等一些东南亚国家分布较多，美洲及大洋洲等国家和地区也有分布。我国幅员辽阔、地形复杂、气候多变，优越的自然条件形成了丰富的茯苓种质资源。我国湖南、广西、湖北、福建、安徽、云南、四川、河南、广东、浙江、贵州、山西、陕西等10多个省都有分布。我国是茯苓主产国，产量约占世界总产量的70%。目前的茯苓产品以人工栽培为主，传统茯苓产品以云南的"云苓"、安徽的"安苓"、福建的"闽苓"最为著名，湖北罗田、英山、麻城的"九资河茯苓"也较出名。通过含量测定结果表明广东产的茯苓的茯苓酸的含量较高。

三、生长习性

野生茯苓适宜生长在疏松通气、排水良好的弱酸性土壤内，土层厚度约为30～90厘米。喜生长在背风向阳的松木根上。孢子在PDA（马铃薯、葡萄糖、琼脂）培养基上，22～28℃下即可萌发，菌丝在25～30℃时生长较快。在适宜温度下，茯苓接种20～30天菌丝可长满木段，100～120天即可开始结茯苓。

培育茯苓场地的土质一定要砂多泥少，而且下窖之后覆土不能过厚，保证茯苓菌丝在蔓延中有足够的空气。在pH3～6的范围内，茯苓菌丝均能正常生长，以pH 4～6为最好。培育场要选择弱酸性的土壤，有利于茯苓菌分泌的纤维素酶发挥出最大的活性。子实体形成则需要有散射光，茯苓场要选在至少半日光照的阳坡，白天太阳的热能可提高茯苓场砂砾的温度，夜间砂砾散热快，造成昼夜有较大温差，有利于菌核的增长。茯苓既可寄生在活的松树根上，也可在伐下的腐木段上生长。段木的质和量影响着茯苓的产量，一般以20～40年生、胸径10～40厘米的中龄松树为好；老龄树木心大松脂多，幼龄树木质疏松，培育茯苓都较差。一定要将菌丝体埋入砂中，经土砂的机械刺激，才会形成正常的坚实的菌核。菌种最好当年分离，长期多次传代移植会出现菌种衰老及生活力下降的现象，接种后只长菌丝不结茯苓。老产区用当地野生茯苓分离的菌种质量好，而新产区用当地野生茯苓分离出的菌种往往不结茯苓。

茯苓忌连作，栽过茯苓的地块应放荒3～10年方可再种。

四、栽培技术

为了防止树木的过度砍伐和滥用，所以采用段木作为材料进行栽培，常见的栽培方法有松蔸栽培法和段木栽培法。

1. 菌种选择

茯苓栽培菌种质量要求：菌龄30～45天；菌丝洁白致密，生长均匀，布满菌袋内；菌丝体尖端可见乳白色露滴状分泌物，茯苓特异香味浓郁；菌袋完整无破损，无发黄菌丝，无子实体长出，无杂菌污染。茯苓菌种分为高温型、中温型、低温型、广温型4种，海拔700米以上选中、低温型，700米以下选高、广温型。（图2）

图2　茯苓菌种

2. 松蔸栽培法

（1）树蔸备料　即利用伐木后留下的树蔸作材料。在秋、冬季节伐松树时，选择直径12厘米以上的树桩，将周围地面杂草和灌木砍掉，深挖40～50厘米，让树桩和根部暴露在土外，然后在树桩上部分别铲皮4～6条，留下4～6条3～6厘米宽未铲皮的筋（也叫引线）。树桩下的粗大树根也可用来栽茯苓，每条树根铲皮3条，留3条引线。根留1～1.5厘米长，过长即截断不要，使树蔸充分暴晒至干透。干后可用草将树蔸盖好，防止降雨淋湿。

（2）接种　于根蔸上削2～3个新口，然后将菌种分别接种在新口处，盖上松片或松叶，覆土高出树蔸15～18厘米，每树蔸一般用菌种0.5～1瓶（袋）。接菌后3～5天菌丝萌发生长，蔓延开要10天。在此期间，要特别防治白蚁危害。接种后3～4个月可结茯苓，结茯苓时不要撬动木段，以防折断菌丝。

3. 段木栽培法

（1）选地整地　选择排水良好、土质深厚、疏松砂质壤土（含沙量60%～70%）的向阳缓坡地，最好选生荒土或放荒3年以上的庄稼地。透气性差的土壤不宜选用。选好的地块春节前后深翻50厘米以上，除去杂草、石块、树根等杂物，顺坡挖窖，窖深10～30厘米，长和宽根据木段多少及长短粗细而定，窖间距80～100厘米，窖四周开好排水沟。窖挖好后暴晒。在茯苓接种前10天再翻地1次，打碎土块，彻底除净杂物。有白蚁危害的地块，用杀白蚁药物在接种前1周铺撒窖底及上面覆土层进行防治。（图3）

（2）备料　每年10～12月松树砍伐后立即修去树桠及削皮留筋，具体要留几条筋，要看树的大小而定。削皮要露出木质部，顺木将树皮相间纵削（不削不铲的一条称为筋），各宽4～6厘米，削皮留筋后全株放在山上干燥。经半个月后，将木料锯成长50～80厘米的小段，然后就地在向阳处堆叠成"井"字形，待敲之发出清脆响声，两端无松脂分泌时即可使用。（图4）

图3　茯苓整地

图4　茯苓木材备料

（3）接种　接种选在5～6月份，先挖好窖沟，深10～30厘米，宽10～30厘米，长50～80厘米，窖底呈20°～30°斜坡。选晴天，下窖时将2条或多条段木并排靠拢放入窖沟内，粗细搭配，两节段木留皮处应紧靠，使铲（削）皮成"V"形，将袋装菌种用干净刀剖开两半，剖开面紧贴削去树皮部位，在菌种上再盖上一些树叶、木片、木屑等填充物，以保护菌种。最后覆盖6～8厘米厚，呈龟背形的疏松砂壤土。（图5）

4. 温室栽培

进行茯苓栽培技术研究表明，温室栽培虽然产量最高，但是无法克服茯苓忌连作、白蚁等问题，所以无法应用于实际栽培。

图5　茯苓菌种栽培

五、采收加工

1. 采收

野生茯苓一年四季均可采挖，以7月至次年3月间采挖质量较好，而4～7月质地疏松，最好不采。其寄生8年左右后成熟，到12年后又逐渐腐烂消失，因此在死亡了3～4年后的松树间寻找采挖较适宜。寻找时首先看松树的残蔸，有下列现象时可能有茯苓寄生：①残蔸的断面呈烟红或猪肝色，手捏可成粉末但有脆性。②残蔸附近地面有浅白色膜状物，或地面有裂隙，敲打发出空响。③松根皮有黄白浆流出，松脆而无松油气味。④小雨后树桩周围干燥得很快，或草木生长不旺盛。在这些地方用尖头铁器伸进地面20～40厘米深，若发现土中有芋状物，或铁器较难拔出，拔出后顶端带有白色粉浆时，即可证明其下有茯苓生长。采挖时要顺着树桩向阳并向下的主根采挖。如遇到菌核抱根生长，可用刀砍断树根取出茯苓，切不要将根抽出，其可做茯神入药。挖掘出的茯苓表面有个自然的圆空，圆空朝向的地方，即指示还有其他的茯苓待挖。在树桩附近其他植物根部如白茅根、蕨根上，也可能会被接引而生长茯苓，需仔细寻找。成熟茯苓个大，形如鸟兽、龟鳖状，内有黄色浆汁；未熟茯苓个小，有白浆，应仍埋于原处，使其继续生长，以后再采。

栽培的茯苓一般在接种后8～10个月内成熟，即头年5～6月接种下窖，到次年6～7月茯苓场不再出现新的裂缝，外皮带黄褐色时即可采收。茯苓质软肉嫩，易受损伤，起挖时要细致。收挖方法是先用大锄头自茯苓场下厢开始，从距茯苓窖50厘米处将土刨开，再顺序逐步深挖取茯苓，防止挖破挖漏，保持茯苓完整。

茯苓起收中有两点应引起高度注意：一是茯苓起收与种植常同时进行，所以在起收时要注意不要挖破茯苓，并随时将新鲜优质的茯苓选出来，用于做种茯苓。二是要注意防止漏挖，茯苓菌核结在料筒上或料筒周围，但有时菌丝可以顺根走引，延伸到窖周几十厘米处结茯苓。所以起茯苓时若发现料筒无茯苓，应注意查看是否是窖外结茯苓或扯到其他窖结的茯苓，以免漏挖漏收。菌丝走入其他窖或窖外结的茯苓，一般称为"神苓"或"吊式苓"。"神苓"是茯苓菌丝从窖内料筒或松树蔸上沿着茯苓场内细小的松根离开本窖向外蔓延生长。把松根皮层顶开，围绕松根形成菌核，称为抱根茯苓或称"茯神"；"吊式苓"是在茯苓窖的下端离开料筒或松树蔸一定距离的地方，菌

图6　茯苓采收

丝离开料筒或松树蔸，顺着靠近的松根或草根生长，形成有蒂的茯苓。起挖时，应根据这两种的结构特点进行收获，否则不易找到茯苓或将茯苓挖破。（图6）

2. 加工

各地茯苓采收加工的过程：①鲜茯苓采收→发汗→剥皮→切制→干燥；②鲜茯苓采收→发汗→蒸制→剥皮→切制→干燥；③鲜茯苓采收→蒸制→剥皮→切制→干燥；④鲜茯苓采收→剥皮→切制→干燥。

目前茯苓的产地加工主要有2种：①全人工的家庭式、作坊式、粗旷式的加工方式；②半机械化家庭式、作坊式、粗旷式的加工方式。在安徽、湖北、湖南等地多开展蒸制环节，个体加工者普遍认为，蒸制使得切制的茯苓质地相对结实，减少茯苓碎屑的产生，能够提高茯苓个的利用率。在湖北地区较多的开展"发汗"环节，在"发汗"过程中，茯苓外皮上常见到白色茸毛或蜂窝状物，分别为茯苓菌丝或子实体，俗称出"菇子"。茯苓产地的传统加工见图7。

（1）发汗　刚挖出的鲜茯苓称为"潮苓"，大约含有40%～50%的水分，必须将水分逐渐去掉后才能加工。茯苓去掉所含水分，干燥缩身的过程称为"发汗"。

选择泥土地面或砖铺地面，不通风，保温保湿的房间。先铺上一层稻草，中间留一条步道，然后将鲜茯苓按不同起挖时间和不同大小，置于草上。大的铺放2层，小的铺放3层，草、茯苓逐层铺放，其上厚盖稻草或麻袋，四周用草封严，使其"发汗"。第1周，每天翻动1次，以后2～3天翻转1次。翻转时动作要轻，每次翻半边，不可上下对翻，以免茯苓"发汗"不匀。2～3层叠放的，要上下换位翻转。茯苓表皮长出白色绒毛菌丝时，取出刷拭干净，置于凉爽处阴干即可剥皮切制。切片宜选晴天进行，晒至半干时，压平、再

图7　茯苓产地传统加工

晒至全干。

　　通过走访安徽大别山的茯苓产区发现了一类不需要"发汗"的茯苓菌种，编者推测可能与其菌种类型有关。

　　（2）剥皮　"潮苓"切制前要将外部皮壳全部剥除，方法是用薄铁皮剥皮刀，层层剥离茯苓皮，使其露出内部的茯苓肉。剥下的茯苓皮，要求尽量大、薄、匀，少带茯苓肉。"潮苓"剥去皮壳后，必须放置在带盖的聚丙烯（或聚乙烯）塑料桶内，防止干燥不匀出现炸裂。

　　（3）切制　分批取出剥去外部皮壳的"潮苓"，在切片桌上，用特制的"片刀"将白色茯苓肉与靠近茯苓皮部位的淡棕色茯苓肉分离切开。随即将白色茯苓肉部分切制成白（茯苓）片、白（茯苓）块等产品，淡棕色茯苓肉部分切制成赤（茯苓）片、赤（茯苓）块等产品。"潮苓"切制加工的顺序是"先破后整""先小后大"，即先切制破损"潮苓"，然后再按由小至大的个体顺序进行切制。切制时，握刀要紧，用力要均匀，刀片在向下推动的同时，向前方推动，使切面均匀、光滑。若下刀时出现停顿，则使切面毛糙翻翘；若下刀用力不匀，则块（片）厚薄不一。每切一刀后，片刀的刀口及两个侧面均要用清洁布揩净。

（4）干燥　"潮苓"经切制成片、块等产品后，要立即平摊摆放在簸箕上，置晒场内暴晒。切制成的鲜片、块要分开单独入簸，一般板簸（孔眼较小）晒片，花簸（孔眼较大）晒块。不同"潮苓"内含水量有差异，为便于管理，每个簸箕上只能摆放同1个或1～2个"潮苓"的切制品，不能过多或过杂。夜间将簸箕收回，置成品暂放室内的分层木架上，使其阴凉回潮，第2天早晨搬出，再晒。用此方法，经4～5天暴晒，当制品表面出现微细裂纹时，收回放入暂放室内，将簸箕摞叠压放1～2天，使其内的产品回润（即收汗），待表面裂纹合拢，复晒一下，即为成品。

六、药典标准

1. 药材性状

（1）茯苓个　呈类球形、椭圆形、扁圆形或不规则团块，大小不一。外皮薄而粗糙，棕褐色至黑褐色，有明显的皱缩纹理。体重，质坚实，断面颗粒性，有的具裂隙，外层淡棕色，内部白色，少数淡红色，有的中间抱有松根。气微，味淡，嚼之粘牙。

（2）茯苓块　为去皮后切制的茯苓，呈立方块状或方块状厚片，大小不一。白色、淡红色或淡棕色。

（3）茯苓片　为去皮后切制的茯苓，呈不规则厚片，厚薄不一。白色、淡红色或淡棕色。

2. 显微鉴别

粉末灰白色。不规则颗粒状团块和分枝状团块无色，遇水合氯醛液渐溶化。菌丝无色或淡棕色，细长，稍弯曲，有分枝，直径3～8微米，少数至16微米。

3. 检查

（1）水分　不得过18.0%。

（2）总灰分　不得过2.0%。

4. 浸出物

照醇溶性浸出物测定法项下的热浸法测定，用稀乙醇作溶剂，不得少于2.5%。

七、仓储运输

1. 仓储

储存室要求干净、干燥、无害虫，有门窗。储存室内放火砖或石块，火砖或石块上放木板或木条作枕木。

在储存前，将已加工的茯苓片分规格再晒一遍，然后再分规格装入内衬有聚乙烯薄膜的编织袋内，将袋口扎紧，码放在储存室内的枕木上。关闭门窗，将门窗遮光。每隔5～7天，选择天晴时，打开门窗通风透气20分钟。阴雨天禁开门窗。如果是在夏秋时节储存，那么，每隔7天，在储存室内用杀虫剂喷雾1次，关闭门窗，以便杀死室内害虫。总之，加工时产品应干燥装箱，包装时应注意密闭，入库时应检查湿度，保管中应阴凉干燥，贮藏时应及时翻晒，只有做好了各个环节的管理保护，才能防止茯苓变质，确保茯苓质量。

茯苓保管不好，易虫蛀、发霉、变色，应密闭，置阴凉干燥处保存；不宜暴晒、受冻、潮湿，以免变形、变色、裂纹。为防虫蛀，可用氯化苦或磷化铝熏。

2. 运输

茯苓片及块不宜用麻袋装，最好是选用标准木箱或纸箱、竹篓内衬一层草纸或牛皮纸，以40～50千克一件为宜，太重不便搬运，装箱时最好层层摆放，以减少破碎。

八、药材规格等级

见表1。

表1　茯苓药材规格等级

规格	等级	标准
个苓	选货（图8）	大小不等，呈不规则圆球形或块状，表面黑褐色或棕褐色。断面白色。气微，味淡。体坚实、皮细、完整。部分皮粗、质松，间有泥沙、水锈、破伤，不超过总数的20%。无变色；无虫蛀；无霉变；杂质不得过3%
	统货（图9）	大小不等，呈不规则圆球形或块状，表面黑褐色或棕褐色。断面白色。气微，味淡。质地不均，部分松泡，皮粗或细，间有泥沙、水锈、破伤。无变色；无虫蛀；无霉变；杂质不得过3%

规格	等级	标准
茯苓片	一等（图10）	不规则圆片状或长方形，大小不等，含外皮，边缘整齐，厚度不小于3毫米。色白，质坚实，边缘整齐。无变色；无虫蛀；无霉变；杂质不得过3%
	二等（图11）	不规则圆片状或长方形，大小不等，含外皮，边缘整齐，厚度不小于3毫米。色灰白，部分边缘略带淡红色或淡棕色，质松泡，边缘整齐。无变色；无虫蛀；无霉变；杂质不得过3%
	统货（图12）	不规则圆片状或长方形，大小不等，含外皮，边缘整齐，厚度不小于3毫米。色灰白，部分边缘略带淡红色或淡棕色，质地不均，边缘整齐。无变色；无虫蛀；无霉变；杂质不得过3%
茯苓块	一等（图13）	呈扁平方块，边缘可不成方形，无外皮，色白，大小不等，宽度最低不小于2厘米，厚度在1厘米左右。质坚实。无变色；无虫蛀；无霉变；杂质不得过3%
	二等（图14）	呈扁平方块，边缘可不成方形，无外皮，色白，大小不等，宽度最低不小于2厘米，厚度在1厘米左右。质松泡，部分边缘为淡红色或淡棕色。无变色；无虫蛀；无霉变；杂质不得过3%
	统货（图15）	呈扁平方块，边缘可不成方形，无外皮，色白，大小不等，宽度最低不小于2厘米，厚度在1厘米左右。质地不均，部分边缘为淡红色或淡棕色。无变色；无虫蛀；无霉变；杂质不得过3%
茯苓丁	一等（图16）	呈立方形块，部分形状不规则，一般在0.5～1.5厘米。色白，质坚实，间有少于5%的不规则碎块。无变色；无虫蛀；无霉变；杂质不得过3%
	二等（图17）	呈立方形块，部分形状不规则，一般在0.5～1.5厘米。色灰白，质松泡，间有少于10%的不规则碎块。无变色；无虫蛀；无霉变；杂质不得过3%
	统货（图18）	呈立方形块，部分形状不规则，一般在0.5～1.5厘米。色白或灰白，质地不均，间有不少于10%的不规则碎块。无变色；无虫蛀；无霉变；杂质不得过3%
茯苓刨片	统货（图19）	呈不规则卷状薄片，白色或灰白色，质细，易碎，含10%～20%的碎片。无变色；无虫蛀；无霉变；杂质不得过3%
骰方	统货	茯苓去净外皮切成立方形块，白色，质坚实，长、宽、厚在1厘米以内，均匀整齐，间有不规则的碎块，但不超过10%。无粉末、杂质、霉变
白碎苓	统货（图20）	加工过程中产生的白色或灰白色茯苓碎块或碎屑，体轻、质松。无变色；无虫蛀；无霉变；杂质不得过3%

图8 个苓（选货）

图9 个苓（统货）

图10 茯苓片一等

图11 茯苓片二等

图12 茯苓片统货

图13 茯苓块一等

图14 茯苓块二等

图15 茯苓块统货

图16 茯苓丁一等

图17 茯苓丁二等

图18 茯苓丁统货

1cm   1cm

图19 茯苓刨片统货   图20 白碎苓统货

九、药用食用价值

1. 临床常用

随着研究技术的发展，人们对茯苓的化学成分、药理作用等的研究结果表明，其化学成分有多糖、三萜、脂肪酸、甾醇、酶等。茯苓多糖具有抗肿瘤、保肝、利尿、抗衰老、抗炎、降血脂、增强免疫、催眠等作用；茯苓三萜具有抗肿瘤、保肝、抗衰老、抗炎、增强免疫等作用。有文献报道，从茯苓中提取的茯苓多糖、茯苓异多糖等具有促进细胞分裂、补体激活、抗诱变、抗肿瘤、增强免疫等生物活性。近年来，随着近代医药科学技术的发展，茯苓以其较高的药用价值，不仅成为多种中药方剂配伍的重要组成，其配伍率更达70%以上，而且是众多中成药的重要原料，有"十药九茯苓"之说。

2. 食疗及保健

茯苓的食用方法很多，常制成各种食品，如茯苓糕、茯苓粉、茯苓饼、茯苓酒等。其营养、保健价值久负盛名，具有广阔的应用前景。

十、讨论

茯苓产地加工仍然是以个体加工为主，尚未形成规模化、一体化的加工模式。其生产效率较为低下，很难形成一个完整、高效的产业链，产品质量也会参差不齐，无法满足市场需求。因此，茯苓产地加工的规模化发展成为急需解决的问题，如何更高效地提高生产效率，形成稳定、高产的产地加工模式是当前所面临的问题。

茯苓的种植离不开松木，因此对松木的需求量大，这与目前世界对森林资源的保护这一主题相违背。所以需要提高松木利用率，降低松木材料的浪费，提高茯苓的产量。

茯苓既是药品，也是食品，但目前茯苓的应用还较为单一，大部分用于临床。而随着人们生活水平日益提高，注意养生、保健的人群逐渐增多，对以茯苓为原料的保健食品、功能食品的需求量剧增。我们应大力发展茯苓的药食两用事业，以发挥其最大化的作用。

参考文献

[1] 杨新美. 食用菌栽培学[M]. 北京：中国农业出版社，1995：239–243.

[2] 严永杰. 茯苓的生长习性与栽培[J]. 安徽林业，2005（4）：27.

[3] 向亮. 商洛茯苓栽培技术[J]. 西北园艺（综合），2017（3）：35–36.

[4] 马巾媛，杨竹雅，丁丽芬，等. 茯苓栽培技术研究[J]. 中国园艺文摘，2013，29（7）：29–30.

[5] 胡珂. 茯苓的采收及产地加工方法[J]. 基层中药杂志，2000，14（1）：41–42.

[6] 魏新雨. 茯苓的科学采收贮存与加工[J]. 食用菌，2009，31（4）：69–70.

[7] 彭慧，王妍妍，张越，等. 安徽大别山区茯苓产业发展的现状与前景[J]. 中南药学，2018，16（3）：369–372.

[8] 王克勤，黄鹤，付杰，等. 湖北茯苓产地加工技术要点[J]. 中药材，2014，37（3）：402–404.

[9] 陈贵善. 茯苓的采收与加工[J]. 农村新技术，2010（12）：65.

[10] 宋向文，王德群. 大别山茯苓产地的形成与发展[J]. 安徽中医学报，2011，30（5）：65–67.

[11] 刘顺才，吴琪，邢鹏，等. 茯苓种质资源的研究进展综述[J]. 食药用菌，2017，25（3）：171–175.

[12] 陈晔. 茯苓的医著分析及不同产地质量研究[D]. 广州：广州中医药大学，2014：52–61.

[13] 中国药材公司. 中国常用中药材[M]. 北京：科学出版社，1995：1076–1085.

[14] 徐国钧，徐珞珊，何宏贤，等. 中国药材学（下卷）[M]. 北京：中国医药科技出版社，1996：1706–1709.

[15] 魏新雨. 茯苓的采收贮存与加工[J]. 农村新技术，2010（4）：65–67.

[16] 游昕，熊大国，郭志斌，等. 茯苓多种化学成分及药理作用的研究进展[J]. 安徽农业科学，2015，43（2）：106–109.

[17] 王克勤，方红，苏玮，等. 茯苓规范化种植及产业化发展对策[J]. 世界科学技术，2002，4（3）：69–73，84.

[18] 黄璐琦，詹志来，郭兰萍. 中药材商品规格等级标准汇编（第一辑）[S]. 北京：中国中医药出版社，2019：115–122.

桔梗

本品为桔梗科植物桔梗*Platycodon grandiflorum*（Jacq.）A. DC.的干燥根。

一、植物特征

多年生草本。叶全部轮生，部分轮生至全部互生，叶片卵形，卵状椭圆形至披针形，叶下面有白粉。花单朵顶生，或数朵集成假总状花序，或有花序分枝而集成圆锥花序；花萼被白粉，裂片三角形，或狭三角形；花冠蓝色或紫色。蒴果。花期7～9月。（图1）

图1　桔梗

二、资源分布概况

桔梗野生于山坡草丛中，我国大部分地区均有分布。全国各地均产，主产于安徽、河南、湖北、辽宁、吉林、河北、内蒙古等地。

三、生长习性

桔梗喜凉爽湿润环境，要求阳光充足，野生多见于向阳山坡及草丛中，宜栽于海拔1100米以下的丘陵地带，对土质要求不严，但宜栽培在富含腐殖质的砂壤土中。追施磷肥，可提高根的折干率。桔梗喜阳光耐干旱，但忌积水。

四、栽培技术

1. 选地整地

（1）选地　桔梗为深根性植物，应选择土层深厚、肥沃、疏松、地下水位低、排灌方便和富含腐殖质的泥沙土或夹沙土的向阳坡地、撂荒地、平地栽植，忌选择黏重土和积水湿地种植。前茬作物以豆科、禾本科作物为宜。

（2）整地　入冬前深翻30～40厘米，晾晒越冬，使其充分风化。翌年春季整地施肥，于播种前施入腐熟的农家肥3000～4000千克/亩，过磷酸钙20～25千克/亩，深翻后放大水溻地，然后整平耙细做畦，畦宽1.2～1.5米，长度以地势而定。

2. 繁殖方法

桔梗的繁殖方法主要有种子繁殖法、根头（芦头）繁殖法、扦插繁殖法。生产上常采用种子繁殖法，每亩用种量为1～1.5千克，育苗移栽用种量可适当增多。种子直播前要进行种子处理，处理方法一般有以下3种。

（1）温汤浸种法　选择成熟、饱满、有光泽的种子，在40℃左右的水中浸泡8小时，取出后用湿布包好，放在20～30℃的地方，上面用湿麻袋盖好，每天早晚用清水冲滤1次，4～5天种子露白开始萌动时即可播种。

（2）高锰酸浸泡法　用0.3%～0.5%的高锰酸钾溶液浸泡24小时，取出冲洗掉药液，晾干播种。

（3）超声波处理法　桔梗种子用功率250伏安、频率20 000赫兹的超声波处理13分钟，发芽率可提高2.1倍，种子产量可提高44.6%～58.9%，产量比对照高2.2～2.7倍，可增强植株的耐旱、抗热性能。

3. 种植方法

在3月下旬至4月中旬进行播种，可以采用直播法和育苗移栽法，以直播为好。即在整好的畦面上按15～18厘米开沟，沟深约3厘米，将处理好的种子拌草木灰、细土或河沙（1：10）后分3次均匀播入沟中，然后覆盖细土或草木灰，以盖住种子为度，最厚不超过1.5厘米，否则影响出苗率。下种后畦面上覆盖稻草或麦草，利于保墒和防止雨水冲刷，待出苗时揭去覆盖物。

4. 田间管理

（1）苗期管理

①间苗、补苗、定苗：当苗高3～5厘米时，间去过密苗及弱苗、病苗。如有缺穴断垄现象应及时补栽，栽后立即浇水。苗长到10厘米左右时定苗，每隔5～7厘米留苗1株。

②中耕除草：及时清除杂草，要做到早锄、勤锄和雨后必锄。结合除草进行中耕，中耕宜浅，以免伤及根部。

③浇水：种子发芽出苗和苗期最怕干旱，此期如遇干旱应浇水保苗。出苗前要勤浇水，浇小水，不要漫灌。出苗后可浇大水。

（2）生长期管理

①中耕松土：一般在生长期进行3～4次中耕，特别是干旱时或下雨后，必须进行中耕松土。

②除草：见草就要及时拔除。

③追肥：第1年的桔梗苗期不用追肥，若桔梗过于弱小，根据情况可适量浇清粪水（粪水比为1：15），或施入尿素3～5千克/亩，施肥应早晚进行。正常情况下苗期不使用氮肥，当年的桔梗追肥应在秋分后进行。

④除花打顶：桔梗非留种田应及早除去花果。可在盛花期喷施浓度为0.1%的40%乙烯利70～100千克/亩，产量较不打药的增加45%以上。

⑤浇水与排水：生长期除遇干旱外，一般不用浇水。在夏季高温多雨季节，应及时做好疏沟排水工作。

⑥防止岔根：桔梗商品以顺直、坚实、少岔根为佳。防止岔根的方法：一是选地造畦时要深挖，要求去尽石块、砂礓等硬物，并施足基肥；二是栽培桔梗以种子直播为好；三是做到一株一苗，及时剔除多余苗头；四是多施磷肥，少施氮、钾肥。必要时打顶，减少养分消耗，促使根部正常生长。

5. 病虫害防治

桔梗在栽培过程中，病虫害较多，应加强病虫害的预防及治理。其病害主要有斑枯病、根腐病、轮纹病、紫纹羽病和炭疽病等；虫害主要有根线虫病、地老虎和蚜虫。

（1）斑枯病和轮纹病　主要危害叶片。斑枯病的症状主要表现为叶片出现黄白色或紫褐色斑点，严重时叶片脱落，有时也会出现霉点；轮纹病的症状主要表现为叶片出现近圆形病斑、褐色并有同心纹，严重时叶片枯萎。

防治方法　秋季烧掉带病的植株，发病地块深耕轮作。发病初期喷洒波尔多液或可湿性代森锌等药剂防治。

（2）根腐病和紫纹羽病　主要危害根部。桔梗感染根腐病时，根部呈锈黄色，有臭味，植株死亡；感染紫纹羽病时，根表皮先变红，再变紫褐色，最后根部成为空壳。

防治方法　拔掉病株，实行轮作，用生石灰给土壤消毒；发病后喷洒20%的石灰水、波尔多液等药剂防治。

（3）炭疽病　主要危害茎基部，症状主要表现为茎基部出现褐色斑点，逐渐扩大，后期收缩倒伏。

防治方法　幼苗出土前喷洒退菌特；发病初期喷洒波尔多液等药剂防治。

（4）根线虫病　危害根部。主要症状为地上茎叶早枯，根部有瘤状突起，严重时影响产量。

防治方法　播种前用80%二溴氯甲烷或石灰进行土壤消毒，每公顷用1500千克茶籽饼做基肥，可减轻危害。

（5）地老虎　咬食嫩茎。

防治方法　可在早晨人工捕杀或用35%的硫丹0.5～1.5千克和细土15千克搅拌后撒在植株附近，或用炒豆饼或麦麸35千克和敌百虫1千克，加水拌匀做诱饵，撒在植株附近诱杀幼虫。

（6）蚜虫　多发生在6～7月，密集于叶背面或地上茎，吸食汁液，使叶片变厚、卷缩，植株矮化。

防治方法　用40%乐果乳油1500～2000倍液或80%敌敌畏乳液1500倍液喷雾防治，每隔7～10天喷1次，连续防治2～3次。

五、采收加工

1. 采收

（1）采收前的准备 选择二年生桔梗，研究开花结果对其产量和总皂苷含量的影响，研究证明：生育期内去除花蕾，桔梗产量和总皂苷含量都显著高于对照组，而且总皂苷含量远高于《中国药典》（2005年版）规定的不得少于6%标准。如果不去除花蕾，总皂苷含量也符合规定，但产量较低。因此为获得优质高产的桔梗药材，除留种外，生育期内应该去除其花蕾。

（2）采收区域的选择 我国桔梗"道地药材"主产区有安徽太和县李兴镇、亳州；内蒙赤峰牛营子；山东淄博池上镇和沂源县三岔乡；陕西商洛、商州沙河子、掖村、张村及河南的桐柏等地。

（3）采收年限的选择 桔梗以其根入药，栽培的桔梗一般在播种后2年或3年进行采收。一年生的桔梗不仅产量低，而且有效成分含量低。研究表明：一年生桔梗的总皂苷含量仅为2.26%，二年生桔梗的总皂苷含量为3.34%。江苏药材基地的大田生产调查结果表明，一年生的单株鲜根重量平均为6.73克，二年生的单株鲜根重量平均为15.56克，二年生的桔梗其根的生长量为第1年的231.2%，故栽培的药用桔梗至少应生长2年以上才能进行采收。

（4）采收时间的选择 桔梗的采收时期一般为秋季和春季。秋季一般在地上部分枯萎后进行采收，春季则于地下萌芽前进行采收。有文献报道，对产于东北的不同生长季节的桔梗中桔梗皂苷D进行研究的结果表明，9月、10月桔梗中桔梗皂苷D的含量最高，进入11月有效成分急剧衰减，第2年4月含量也较低，进入5月份开始营养生长，其含量又开始上升。因此将秋季最佳合理采收期定为9～10月。这也与文献记载"桔梗春秋两季采挖，以秋季采挖者质量较佳"相符。但采收也不宜过早，过早其根部尚未充实，折干率低影响产量。

2. 加工

（1）初加工 《中国药典》2020年版中规定，桔梗药材"春、秋二季采挖……趁鲜剥去外皮或不去外皮，干燥"。传统刮皮的桔梗应趁鲜时进行刮皮，采收后若堆放一定时间，其根部的外皮则较难刮去。刮皮后的桔梗应及时晒干，否则易生霉变质，或出现黄色的水锈，影响药材的质量。有文献研究的结果表明，药材总皂苷含量于栓皮和芦头处较低，须根处高于根下段，去皮者根中桔梗皂苷含量高于不去皮者。对桔梗不同部位的桔梗皂苷含量进行研究，结果表明桔梗去皮者，根中桔梗皂苷含量最高，其根皮、茎、叶、花及果实中则未检测到。故芦头初加工时可去除，须根初加工时保留，且应趁新鲜除去栓皮。另外除去栓皮还可使其色泽洁白、美观。（图2，图3）

图2　药用桔梗加工

图3　食用桔梗加工

（2）干燥技术　中药的干燥方法较多，有晒干、阴干、烘干、微波干燥等方法。《中国药典》未规定桔梗的具体干燥方法。有文献研究证明，放置时间的延长对桔梗浸出物及总皂苷含量有明显的影响；微波3分钟或80℃烘干两种方法较好，尤以微波干燥所得的桔梗饮片折干率、桔梗总皂苷含量、水浸出物含量最高，且明显高于晒干法。采用RP-HPLC法测定桔梗皂苷D含量，结果表明不同干燥方法加工的桔梗，其桔梗皂苷含量由高到低依次为：80℃烘干＞微波后晒干＞60℃烘干＞晒干。

六、药典标准

1. 药材性状

本品呈圆柱形或略呈纺锤形，下部渐细，有的有分枝，略扭曲，长7～20厘米，直径0.7～2厘米。表面淡黄白色至黄色，不去外皮者表面黄棕色至灰棕色，具纵扭皱沟，并有横长的皮孔样斑痕及支根痕，上部有横纹。有的顶端有较短的根茎或不明显，其上有数个半月形茎痕。质脆，断面不平坦，形成层环棕色，皮部黄白色，有裂隙，木部淡黄色。气微，味微甜后苦。

2. 显微鉴别

横切面：木栓细胞有时残存，不去外皮者有木栓层，细胞中含草酸钙小棱晶。栓内层窄。韧皮部乳管群散在，乳管壁略厚，内含微细颗粒状黄棕色物。形成层成环。木质部导管单个散在或数个相聚，呈放射状排列。薄壁细胞含菊糖。

3. 检查

（1）水分　不得过15.0%。
（2）总灰分　不得过6.0%。

4. 浸出物

照醇溶性浸出物测定法项下的热浸法测定，用乙醇作溶剂，不得少于17.0%。

七、仓储运输

桔梗用麻袋包装，每件30千克，或压缩打包件，每件5千克。贮存于干燥通风处，温度30℃以下，相对湿度70%～75%。商品安全水分11%～13%。

本品易虫蛀，受潮生霉、变色、泛油。商品久存，颜色变深，严重时表面有油样物溢出，俗称泛油；吸潮品表面常见霉斑。危害的仓虫有印度谷螟、粉斑螟、米黑虫、咖啡豆象、小蕈甲、沙纹蕈甲、酱曲露尾甲、裸蛛甲等，多潜匿内部蛀噬，蛀孔及排泄物常见于茎痕、分叉及裂隙处。

　　储藏期间，应定期检查，发现吸潮或轻度生霉、虫蛀品，及时晾晒，或用磷化铝熏杀。高温高湿季节前，可按件或按垛密封，抽氧充氮养护；施用磷化铝熏蒸后密封，养护效果更佳。

八、药材规格等级

　　根据市场流通情况，按照加工方法不同，将桔梗药材分为"去皮桔梗"和"带皮桔梗"两个规格；在规格项下，分成"选货"和"统货"两个等级。

1. 去皮桔梗

　　呈圆柱形或略呈纺锤形。除去须根，趁鲜剥去外皮。表面淡黄白色至黄色，具纵扭皱沟，并有横长的皮孔样斑痕及支根痕，上部有横纹。质脆，断面不平坦，形成层环棕色，皮部黄白色，木部淡黄色。气微，味微甜后苦。

　　（1）选货　芦下直径1.0～2.0厘米，长12～20厘米。质充实，少有断节。无硫熏；无虫蛀；无霉变；杂质不得过3%。（图4）

　　（2）统货　芦下直径≥0.7厘米，长度≥7厘米。无硫熏；无虫蛀；无霉变；杂质不得过3%。（图5）

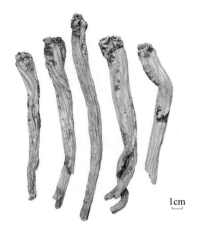

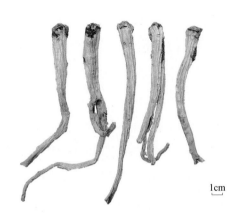

图4　去皮桔梗选货　　　　　　　　图5　去皮桔梗统货

2. 带皮桔梗

呈圆柱形或略呈纺锤形。除去须根，不去外皮。表面黄棕色至灰棕色，具纵扭皱沟，并有横长的皮孔样斑痕及支根痕，上部有横纹。质脆，断面不平坦，形成层环棕色，皮部黄白色，木部淡黄色。气微，味微甜后苦。

（1）选货　芦下直径1.0～2.0厘米，长12～20厘米。质充实，少有断节。无硫熏；无虫蛀；无霉变；杂质不得过3%。（图6）

（2）统货　芦下直径≥0.7厘米，长度≥7厘米。无硫熏；无虫蛀；无霉变；杂质不得过3%。（图7）

1cm

1cm

图6　带皮桔梗选货　　　　　　　　　图7　带皮桔梗统货

九、药用食用价值

1. 临床常用

（1）宣肺祛痰　用于肺气不宣的咳嗽痰多，胸闷不畅。本品辛散苦泄，开宣肺气，祛痰利气，治疗咳嗽痰多，无论寒热皆可应用。风寒者，配紫苏叶、苦杏仁，如杏苏散；风热者，配桑叶、菊花、苦杏仁，如桑菊饮；若痰阻气滞，升降失司，胸膈痞闷者，配枳壳以升降气机，理气宽胸。

（2）利咽　用于咽喉肿痛，失音。本品能宣肺利咽开音，凡外邪犯肺，咽痛失音者，配甘草、牛蒡子等，如桔梗汤及加味甘桔汤；若咽喉肿痛，热毒盛者，配射干、马勃、板蓝根等以清热解毒利咽。

（3）排脓　用于肺痈咳吐脓痰。本品性散上行，能利肺气以排壅肺之脓痰。临床上常配以鱼腥草、冬瓜仁等以加强清肺排脓之效。

（4）引药上行　可作舟楫之剂，载诸药上浮，临床常在治疗肺经病变的方药中，加入桔梗，以引药上行。

2. 食疗及保健

桔梗不仅可以药用，而且还作为山野菜被食用，在我国东北地区及日本、韩国、朝鲜等国家作为一种蔬菜而受到人们的欢迎。其营养丰富，淀粉、蛋白质、维生素含量较高，含16种以上的氨基酸（包括人体必需的8种氨基酸）。每100克桔梗含维生素$B_2$20.44毫克；嫩苗含淀粉14%、蛋白质0.19%、粗纤维3.19%，每100克嫩苗中含胡萝卜素8.81毫克。桔梗的嫩苗、根还可以加工成罐头、果脯、什锦菜、保健饮料等，也是制作酱菜的原料之一，用途广泛，市场需求量较大。此外，桔梗还含有大量的亚油酸等不饱和脂肪酸，具有降血压、降血脂、抗动脉粥样硬化等作用。

参考文献

[1]　崔永东，李春成，刁雪微. 桔梗栽培技术[J]. 特种经济动植物，2016，19（2）：38–39.

[2]　李国清，毕研文，陈宝芳，等.中草药桔梗人工栽培研究进展[J]. 农学学报，2016，6（7）：55–59.

[3]　任亚娟. 桔梗的栽培管理与采收加工技术[J]. 河南农业，2008（17）：32.

[4]　尤海涛. 桔梗规范化生产（GAP）的关键栽培技术研究[D]. 长春：吉林农业大学，2008.

[5]　黄红慧. 桔梗的采收与加工技术深析[J]. 光明中医，2013，28（11）：2412–2414.

[6]　王康才，唐晓清，吴健. 桔梗的采收加工研究[J]. 现代中药研究与实践，2005，19（3）：15–17.

[7]　许传莲，郑毅男，杨腊虎，等. HPLC法测定不同采收期及不同部位桔梗中桔梗皂苷D含量[J]. 吉林农业大学学报，2001，23（1）：58–60，64.

[8]　石俊英，董其亭，矾丽丽，等. 不同产地桔梗中总皂苷成分与质量的相关性研究[J]. 山东中医药大学学报，2006，30（3）：247–250.

[9]　付志文，王玲，董其亭，等. 不同加工工艺对桔梗浸出物及总皂苷含量的影响[J]. 中国中药杂志，2008，33（5）：579–580.

[10]　李娴，金传山. 正交设计考察不同干燥方法对桔梗质量的影响[J]. 现代中药研究与实践，2006，20（3）：45–47.

[11] 黄璐琦，詹志来，郭兰萍. 中药材商品规格等级标准汇编（第二辑）[S]. 北京：中国中医药出版社，2019：903–909.

夏枯草
xia ku cao

本品为唇形科植物夏枯草*Prunella vulgaris* L.的干燥果穗。

一、植物特征

多年生草本。根茎紫红色。叶卵状长圆形或卵圆形；花序下方具一对苞叶近卵圆形。轮伞花序密集组成顶生的穗状花序，每一轮伞花序下承以苞片；苞片浅紫色。花萼钟形。花冠紫色、蓝紫色或红紫色。雄蕊4，花药2室，室极叉开。花柱纤细，先端相等2裂，裂片钻形，外弯。花盘近平顶。子房无毛。小坚果黄褐色。花期4～6月，果期7～10月。（图1）

图1　夏枯草

二、资源分布概况

夏枯草产于我国陕西、甘肃、新疆、河南、湖北、湖南、江西、浙江、福建、台湾、广东、广西、贵州、四川及云南等省（区）。而在湖北大别山区蕲春种植的夏枯草有其特有的优势，蕲春夏枯草与其他地区夏枯草相比，独特之处表现在以下几个方面：一是外观，其花序较长，果穗较大。蕲春夏枯草长2～8厘米，直径1.0～2.0厘米，而一般夏枯草长仅1.5～6厘米，直径0.8～1.5厘米。二是质量，蕲春夏枯草浸出物含量和迷迭香酸含量较高。前者≥10.5%，最高检测值达21.5%；后者≥0.20%，最高检测值达0.36%，两者含量均比其他地区产夏枯草含量高。

三、生长习性

夏枯草一般生于荒坡、草地、溪边及路旁等湿润地上，海拔可高达3000米。喜温和湿润气候，耐严寒，以阳光充足、排水良好的砂质壤土为最佳，其次为黏壤土和石灰质壤土，低洼易涝的地块不宜栽培。

四、栽培技术

1. 种植材料

夏枯草可以通过种子播种、分株、留桩再生进行繁殖，各地各生产主体可根据自身的种苗需求与来源作出合理选择和配合使用。

2. 选地与整地

在适宜的播种期内选择生产条件比较好、土壤质地较为疏松、土体较为湿润的地块作苗床，结合翻耕，每亩施圈肥2000千克或商品有机肥150～175千克作基肥，打碎土块，整成约1.2米宽的微弓形苗床，视土壤墒情每亩用人粪尿400～500千克或沼液600～750千克兑水浇施苗床，待露干后耙平苗床。（图2）

3. 播种

（1）播种时间　春季3月中上旬和秋季均可进行，但以秋季8月上旬至9月中旬播种为佳。

图2　夏枯草田间种植

（2）播种方法　每亩用1.5～1.7千克种子与10～15倍的细泥沙混匀后，均匀地撒播在苗床上，播后覆以精细圈肥：草木灰：细泥为3：2：5的细肥土约1厘米，盖上稻草等，并洒水保湿。

（3）育苗移栽　待播后10～15天出苗后及时将稻草等覆盖物揭除。当苗长至4～5厘米时进行间苗，长至7～8厘米时进行定苗。定苗后用10%稀薄人粪尿或20%的沼液水浇施，待长至10～13厘米时用水浇湿床土后，即可起苗移栽。在垄畦上按25厘米×20厘米的间距，种苗每穴2株栽于穴中，轻轻压实根基部土壤后，用3%～5%的稀薄人粪尿或5%～8%的沼液水浇施，以便根系与土壤紧密接触，便于成活。（图3）

（4）分株繁殖　在上年7～8月地上部分收获后，结合清园每亩施圈肥1000～1250千克

图3　夏枯草漂浮育苗

或商品有机肥150～170千克和草木灰300～500千克进行培土施肥，以壮根基，到翌年3～4月份老根萌芽后，将老根挖起，分成每株带有两个幼芽的苗株进行栽种。

（5）留桩再生　在上年7～8月地上部分收获后，对所留的老桩进行适当地施肥培土，到翌年春季老根萌芽后，疏除过密、细弱的苗茎，加以培育管理。

4. 田间管理

（1）间苗补缺　当直播栽培的幼苗长至4～5厘米时进行间苗，长至约10厘米时进行定苗，在播种穴内"间密留稀""去弱留壮""壮苗补缺"，留补1株或2株壮苗，定苗后用10%的稀薄人粪尿或15%的沼液水浇施1次幼苗，移栽后7天左右成活。当分株苗长至5～6厘米时，应进行查苗补缺，如发现有死苗缺株的，应于晴天傍晚或阴雨天选用预留壮苗进行补缺，补栽后浇施定根水。如补苗后遇到晴热天气，对补缺苗用树枝叶遮阳2～3天，以便其成活，达到全苗匀株生长。

（2）肥水管理　由于地处山区，尽管在种植前对地块进行了适当地选择，在生产上仍应通过引、蓄、提、灌、挑、排等综合有效措施予以解决，当播种移栽后遇到久旱无雨天气，应及时做好抗旱护苗工作，保持土壤湿润；如遇多雨天气，特别是低洼平坦地块，应及时做好清沟排水工作，以免积水浸泡根部，影响根系生长。

当直播苗长至15～20厘米，种苗移栽10～15天，每亩用人尿300～400千克或沼液500～700千克兑水浇施1次；隔30～35天视植株生长情况，每亩用人粪尿250～300千克或菜籽饼肥60～80千克经发酵后兑水浇1次；植株现蕾期，每亩用圈肥1000～1250千克或商品有机肥175～200千克和草木灰300～350千克沟施或穴施，以满足植株生长对养分和水分的需要，促进植株健壮生长。

（3）中耕除草　夏枯草的种间竞争能力较强，一般只要在生长前期结合施肥进行中耕除草，到了封行现蕾后偶见个别高大杂草时，采取人工拔除便可控制草害的发生。

5. 病虫害防治

夏枯草在自然生长过程中少有病虫害造成损失，但人工栽培加重了病虫害的发生概率，在生产上时而可见蚜虫、红蜘蛛、蛾类幼虫等害虫，且立枯病、叶斑病、霜霉病也有发生。防治方法包括深耕翻埋，做好园地卫生，压低病虫基数，及时处理发病中心，切断传播感染源；应用灯光色板性诱杀技术；落实生态环境调节措施，合理间作套种，翻蔸倒茬，加强病虫监测调查，适时选用有效且低毒、低残留、环境友好型农药，将病害防治于初期，害虫防治于低龄阶段等综合生态防控措施，控制病虫害的发生。

（1）叶斑病　可用多·硫悬乳剂、百菌清、代森锰锌喷雾防治。

（2）立枯病　可用敌克松、波尔多液、甲霜噁霉灵灌根或喷雾防治。

（3）霜霉病　可用氟菌·霜霉威、烯酰吗啉、霜脲·锰锌喷雾防治。

（4）蛾类幼虫　可选用阿维菌素、多杀霉素、高效氯氟氰菊酯进行喷雾防治。

（5）蚜虫　可用呋虫胺、吡蚜酮、噻虫嗪喷雾防治。

（6）红蜘蛛　可用炔螨特、螺螨酯、哒螨唑喷雾防治。

五、采收加工

于7～8月份，当果穗转至全黄时及时采收，采收时离地面3～4厘米处割取，运回后将茎叶与果穗剪离，晒干后打把或装袋备用、待售。（图4）

图4　夏枯草采收

六、药典标准

1. 药材性状

呈圆柱形，略扁，长1.5～8厘米，直径0.8～1.5厘米；淡棕色至棕红色。全穗由数轮至10数轮宿萼与苞片组成，每轮有对生苞片2片，呈扇形，先端尖尾状，脉纹明显，外表面有白毛。每一苞片内有花3朵，花冠多已脱落，宿萼二唇形，内有小坚果4枚，卵圆形，棕色，尖端有白色突起。体轻。气微，味淡。

2. 显微鉴别

粉末呈灰棕色。非腺毛单细胞多见，呈三角形；多细胞者有时可见中间几个细胞镒缩，表面具细小疣状突起。腺毛有两种：一种单细胞头，双细胞柄；另一种双细胞头，单细胞柄，后者有的胞腔内充满黄色分泌物。腺鳞顶面观头部类圆形，4细胞，直径39～60微米，有的内含黄色分泌物。宿存花萼异形细胞表面观垂周壁深波状弯曲，直径19～63微米，胞腔内有时含淡黄色或黄棕色物。

3. 检查

（1）水分　不得过14.0%。

（2）总灰分　不得过12.0%。

（3）酸不溶性灰分　不得过4.0%。

4. 浸出物

照水溶性浸出物测定法项下的热浸法测定，不得少于10.0%。

七、仓储运输

1. 仓储

药材仓储要求符合《绿色食品　贮藏运输准则》（NY/T 1056—2006）的规定。仓库应具有防虫、防鼠、防鸟的功能；要定期清理、消毒和通风换气，保持洁净卫生；不应与非绿色食品混放；不应和有毒、有害、有异味、易污染物品同库存放；在保管期间如果水分超过14%、包装袋打开、没有及时封口、包装物破碎等，导致夏枯草吸收空气中的水分，发生返潮、结块、褐变、生虫等现象，必须采取相应的措施。

2. 运输

运输车辆的卫生合格，温度在16～20℃，湿度不高于30%，具备防暑、防晒、防雨、防潮、防火等设备，符合装卸要求；进行批量运输时应不与其他有毒、有害、易串味物质混装。

八、药材规格等级

（1）选货　干货。果穗呈圆柱形或棒状，略扁。直径0.8～1.5厘米。体轻，摇之作响。全穗由数轮至10数轮宿存的宿萼与苞片组成，每轮有对生苞片2片，呈扇形，先端尖尾状，脉纹明显，外表面有白毛。每一苞片内有花3朵，花冠多已脱落，花萼二唇形，内有小坚果4枚。果实卵圆形，棕色，尖端有白色突起。气微，味淡。残留果穗梗的长度≤1.5厘米，果穗长≥3厘米。淡棕色至棕红色。无虫蛀，无霉变，杂质少于3%。（图5）

（2）统货　果穗呈圆柱形或棒状，略扁。直径0.8～1.5厘米。体轻，摇之作响。全穗由数轮至10数轮宿存的宿萼与苞片组成，每轮有对生苞片2片，呈扇形，先端尖尾状，脉纹明显，外表面有白毛。每一苞片内有花3朵，花冠多已脱落，花萼二唇形，内有小坚果4枚。果实卵圆形，棕色，尖端有白色突起。气微，味淡。残留果穗梗的长度≤1.5厘米，果穗长1.5～8厘米。淡棕色至棕红色，间有黄绿色、暗褐色，颜色深浅不一。无虫蛀，无霉变，杂质少于3%。（图6）

图5　夏枯草选货

图6　夏枯草统货

九、药用食用价值

1. 临床常用

（1）目赤肿痛、头痛眩晕、目珠夜痛　本品苦寒，主入肝经，善泻肝火以明目。用于肝火上炎，目赤肿痛，可配桑叶、菊花、决明子等药用。本品清肝明目，略兼养肝，配当归、枸杞子，可用于肝阴不足，目珠疼痛，至夜尤甚；亦可配香附、甘草用。

（2）瘰疬、瘿瘤　本品味辛能散结，苦寒能泄热，常配贝母、香附等药用以治肝郁化火，痰火凝聚之瘰疬；用于瘿瘤，则常配昆布、玄参等。

（3）乳痈肿痛　本品既能清热去肝火，又能散结消肿，可治乳痈肿痛，常与蒲公英同用。若配金银花，可治热毒疮疡。

2. 食疗及保健

夏季，以夏枯草泡水做凉茶，饮用后可防暑降温、祛湿降火，市场上更有以其为原料加工而成的凉茶类饮品。但因夏枯草对胃部有一定刺激性，泡水饮用并非所有人都适合。

参考文献

[1]　杨肖荣，杜一新. 夏枯草的资源保护及栽培技术[J]. 特种经济动植物，2016，19（12）：39–41.

[2]　王晓燕，王寿希. 夏枯草栽培技术[J]. 特种经济动植物，2005，8（12）：19.

[3]　黄璐琦，詹志来，郭兰萍. 中药材商品规格等级标准汇编（第二辑）[S]. 北京：中国中医药出版社，2019：911–916.

she gan
射 干

本品为鸢尾科植物射干*Belamcanda chinensis*（L.）DC.的干燥根状茎。

一、植物特征

多年生草本。根状茎黄色或黄褐色；须根多数，带黄色。茎实心。叶互生，嵌迭状排列，剑形，无中脉。花序顶生，叉状分枝；苞片披针形或卵圆形；花橙红色，散生紫褐色的斑点；花被裂片6，2轮排列；雄蕊3，花药条形，外向开裂，花丝近圆柱形；花柱上部

图1 射干

稍扁，顶端3裂，子房下位，3室，中轴胎座，胚珠多数。蒴果；种子圆球形，黑紫色。花期6～8月，果期7～9月。（图1）

二、资源分布概况

射干主产于湖北孝感、黄冈、襄阳，河南信阳、南阳，江苏江宁、江浦，安徽六安、芜湖。此外湖南、陕西、浙江、贵州、云南等地均有野生。其中以河南产量大，湖北品质好。

现以大别山区湖北省为道地产区，以孝感、黄冈为中心，核心区域包括罗田、团风、麻城、英山、蕲春、大悟、孝昌、应城、孝感及其周边地区。

三、生长习性

射干喜欢温暖气候及阳光充足的环境，性耐寒、耐旱，怕积水，对土壤要求不严，人工栽培以肥沃、疏松、排水良好的夹沙土为宜。土壤pH应以中性或微碱性更佳。

四、栽培技术

1. 选地整地

（1）选地　宜选地势高、干燥、排水良好、土层深厚的砂质土壤、平地或山地种植。

（2）整地　射干系多年生草本，必须施足基肥。地选好后，耕翻15～20厘米，每亩施入腐熟厩肥2500千克，加过磷酸钙25千克或饼肥50千克，翻入土中作基肥，于播前再浅耕1次，整平耙细做成宽1.3米的高畦，畦沟宽40厘米。四周开好排水沟。

2. 种植材料

生产分无性繁殖和有性繁殖两种。无性繁殖选择生长健壮、色鲜黄、无病虫害的根状茎。每个根状茎上常有十多个牙，可按其芽眼的数量切成数小段，但每段必须有芽眼2～3个和部分须根，切后置通风干燥处晾干，待切口愈合后，即可栽种。有性繁殖选生长健壮、无病虫害的二年生射干植株作为苗种母株，在茎叶尚未封行、花尚未开放之前，结合中耕除草增施磷钾肥，使花盛、果多、子粒饱满。于9～10月当果壳变黄且将要裂口时，连果柄剪下，置室内通风处晾干后脱粒，注意不可晒干，因晒干的种子发芽率低。

3. 播种

（1）无性繁殖　在整好畦面上，按行距20～30厘米挖穴，穴深10～12厘米，每穴施土杂肥一把，然后每穴入1～2段盖土，与畦面齐平。

（2）有性繁殖　将湿润河沙拌匀，拌种子5倍，放在室内地上堆积贮存，可提高发芽率。射干种子寿命约2年。

射干可春播或秋播，春播于3月上旬开始，秋播于10月上旬开始。播种分育苗和直播两种。

育苗：在耙细的苗床上，按行距20厘米横向开沟，沟深6厘米，播幅宽10厘米，然后将芽子均匀播入沟内，覆盖细沙土保湿，以利于出苗，播后15天开始出苗，每亩用种量约10千克，育苗每亩可栽10亩的面积。

直播：在整好的畦面上，按行株距30厘米×25厘米挖穴点播，穴深3厘米，每穴施入干粪肥粉一把，每穴播入催芽籽5～6粒。播后覆盖细土，约半个月出苗。每亩用种量2.5千克左右，注意保温保湿。出苗后进行间苗、中耕除草。当苗高10厘米左右时，按株距20～25厘米定苗，每亩用种量5千克左右。

图2　射干田间种植

4. 田间管理

（1）中耕除草、培土　第1年苗高3～5厘米时，进行第1次中耕除草，以后各次分别于5、7、11月进行。第2年中耕除草3次，分别在3、6、11月，封行以后不再松土、除草。此外，每年11月植株枯黄后，结合中耕除草进行根际培土以利越冬，防止苗倒伏。（图2）

（2）追肥　除了施足基肥外，从第2年开始，每年追肥3次，分别在3、6、11月，结合中耕除草进行，前两次每亩追施人畜粪水1500千克和腐熟饼肥50千克，冬季重施1次腊肥。每亩施入腐熟厩肥12000千克和过磷酸钙25千克，可促进根部生长，提高射干质量。

（3）排水、灌水　幼苗栽后要保持土壤湿润，遇干旱要灌水以利于苗的成活，当苗高10厘米不必灌水。在久晴不雨的天气，可施适量的清淡粪水。特别在春季多雨时节，要注意排水，在北方冬季应灌1次封行水。

（4）摘花蕾　采用根茎分株繁殖的于当年7～8月开花，种子繁殖的于第3年秋季开花。射干花期较长，开花、结果需要消耗大量养分，除种地块外，可于抽薹时，分期、分批摘除花葶，使养分集中于根部生长，有利于增产。

5. 病虫害防治

（1）锈病　通常于秋季发病，危害叶片。发病初期，在叶片或嫩芽上产生黄色微隆起的疱斑，破裂后散发出黄色或锈色粉末，此为病菌的夏孢子。后期发病部位长出黑色粉末状物，此为病菌的冬孢子，发病后叶片干枯，早期落叶使嫩茎枯死。

防治方法　①增施磷钾肥，促使植物生长健壮，提高抗病力。②发病初期喷25%粉锈宁1000～1500倍液，或20%萎锈灵200倍液，或65%代森锌500倍液。

（2）害虫　有蛴螬、蝼蛄等咬噬根状茎。

防治方法　防治时可用90%晶体敌百虫1000倍液或悬挂黑光灯诱杀。

五、采收加工

1. 采收

种子播种的3～4年、根状茎分株栽种的2～3年采挖。于秋、冬季地上植株枯萎后，或早春未萌发前，选晴天将完整射干根状茎挖起，进行加工。

2. 加工

将射干剪去茎叶，连同须根在清水中洗净，晒干或炕干。有专家分析，射干的须根与根块，具有相同的抗流感功效，因此须根亦可供药用。

六、药典标准

1. 药材性状

本品呈不规则结节状，长3～10厘米，直径1～2厘米。表面黄褐色、棕褐色或黑褐色，皱缩，有较密的环纹。上面有数个圆盘状凹陷的茎痕，偶有茎基残存；下面有残留细根及根痕。质硬，断面黄色，颗粒性。气微，味苦、微辛。（图3）

2. 显微鉴别

（1）横切面　表皮有时残存。木栓细胞多列。皮层稀有叶迹维管束；内皮层不明显。中柱维管束为周木型和外韧型，靠外侧排列较紧密。薄壁组织中含有草酸钙柱晶、淀粉粒及油滴。

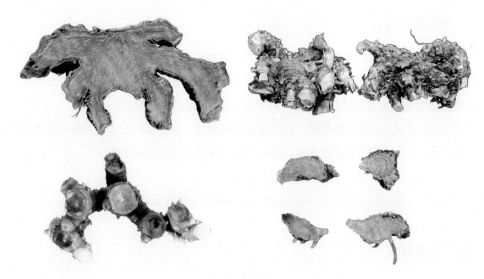

图3　射干药材

（2）粉末特征　粉末橙黄色。草酸钙柱晶较多，棱柱形，多已破碎，完整者长49～240（～315）微米，直径约至49微米。淀粉粒单粒圆形或椭圆形，直径2～17微米，脐点点状；复粒极少，由2～5分粒组成。薄壁细胞类圆形或椭圆形，壁稍厚或连珠状增厚，有单纹孔。木栓细胞棕色，垂周壁微波状弯曲，有的含棕色物。

3. 检查

（1）水分　不得过10.0%。

（2）总灰分　不得过7.0%。

4. 浸出物

照醇溶性浸出物测定法项下的热浸法测定，用乙醇作溶剂，不得少于18.0%。

七、仓储运输

1. 仓储

药材仓储要求符合《绿色食品　贮藏运输准则》（NY/T 1056—2006）的规定。仓库应具有防虫、防鼠、防鸟的功能；要定期清理、消毒和通风换气，保持洁净卫生；不应与非绿色食品混放；不应和有毒、有害、有异味、易污染物品同库存放；在保管期间如果水分超过14%、包装袋打开、没有及时封口、包装物破碎等，导致射干吸收空气中的水分，发生返潮、结块、褐变、生虫等现象，必须采取相应的措施。

2. 运输

运输车辆的卫生合格，温度在16～20℃，湿度不高于30%，具备防暑、防晒、防雨、防潮、防火等设备，符合装卸要求；进行批量运输时应不与其他有毒、有害、易串味物质混装。

八、药材规格等级

射干多为统货，即不分质量、规格、品级，按统一价格购进或出售的商品。

九、药用价值

1. 临床常用

（1）治喉痹　射干，锉细，每服15克，水一盏半，煎至八分，去滓。入蜜少许，旋旋服。

（2）治白喉　射干3克，山豆根3克，金银花15克，甘草6克。水煎服。

（3）治关节炎，跌打损伤　射干90克，入白酒500克，浸泡1周，每次饮15克，每日2次。

（4）治二便不通，诸药不效　射干捣汁，服一盏立通。

（5）治腮腺炎　射干鲜根10～15克，水煎，饭后服，日服2次。

（6）治伤寒热病，喉中闭塞不通　生射干（生乌扇）1斤（切），猪脂1斤。上两味合煎，药成去滓。取如半鸡子，薄绵裹之，纳喉中，稍稍咽之取瘥。

（7）治咳而上气，喉中水鸡声　射干13枚（一法三两），麻黄4两，生姜4两，细辛、紫菀、款冬花各3两，五味子半升，大枣7枚，半夏（大者，洗）8枚（一法半升）。上9味，以水1斗2升，先煮麻黄两沸，去上沫，纳诸药，煮取3升。分温3服。

2. 现代研究

（1）抗病毒、消炎杀菌　抗真菌功效较强，尤其是对于诱发人体皮肤类炎症的真菌能够起到极强的抑制作用，对治疗真菌性皮癣、皮炎、红斑、湿疹等皮肤类疾病都有很好的疗效。

（2）解热止痛　射干还可以治疗一些热毒症状，如牙龈红肿、口舌生疮等，毒疮和跌打肿痛也可以用射干解毒消肿。在古代医书中，就有射干可以降火解毒、散血消瘀的记载，其还可以明目通经。

（3）其他功效　降血压、抗肿瘤、增加唾液分泌、抑制小肠平滑肌、刺激呼吸黏膜兴奋、开胃利食等。

参考文献

[1]　中国医学科学院药物研究所. 中药志[M]. 北京：人民卫生出版社，1984.

[2]　周淑荣. 射干的栽培与加工[J]. 特种经济动植物，2006，9（7）：21–22.

[3]　蒋学杰. 射干种植技术[J]. 农业知识，2011（1）：46–47.

huang jing
黄 精

本品为百合科植物滇黄精*Polygonatum kingianum* Coll. et Hemsl.、黄精*Polygonatum sibiricum* Red.或多花黄精*Polygonatum cyrtonema* Hua的干燥根状茎。按形状不同，习称"大黄精""鸡头黄精""姜形黄精"。本书主要介绍大别山区的2个品种，即黄精和多花黄精。

一、植物特征

1. 黄精

根状茎圆柱状，"节间"一头粗、一头细。叶轮生，每轮4～6枚，条状披针形，先端拳卷或弯曲成钩。花序通常具2～4朵花，似呈伞形状；苞片膜质，具1脉；花被乳白色至淡黄色，花被筒中部稍缢缩；子房上位。浆果。花期5～6月，果期8～9月。（图1）

2. 多花黄精

根状茎肥厚，通常连珠状或结节成块，少有近圆柱形。叶互生，椭圆形、卵状披针形至矩圆状披针形，少有稍作镰状弯曲。花序伞形状；苞片位于花梗中部以下，或不存在；花被黄绿色；子房上位。浆果。花期5～6月，果期8～10月。（图2）

图1 黄精

图2 多花黄精

二、资源分布概况

多花黄精主产于我国四川、贵州、湖南、湖北、河南（南部和西部）、江西、安徽、江苏（南部）、浙江、福建、广东（中部和北部）、广西（北部）。黄精主要分布于我国东北、西北、河北、内蒙古、安徽等地。滇黄精主要分布于云南、贵州、四川及广西的西北部、西藏的东南与云南迪庆、怒江接壤的林芝地区。大别山区分布的为黄精和多花黄精两种。

三、生长习性

喜阴湿气候，具有喜阴、耐寒、怕干旱的特性，在干燥地区生长不良，在湿润荫蔽的环境下植株生长良好。在土层较深厚、疏松肥沃、排水和保水性能较好的土壤中，生长良好；贫瘠干旱及黏重的地块，不适宜植株生长。

四、栽培技术

1. 选地整地

（1）选地　选择湿润和有充分荫蔽的地块，土壤以质地疏松、保水力好的壤土或砂壤土为宜。

（2）整地　播种前先深翻1遍，结合整地每亩施农家肥2000千克，翻入土中作基肥，然后耙细整平，作畦，畦宽1.2米。

2. 繁殖方式

黄精可用种子和根状茎繁殖。实际生产上以使用根状茎繁殖为佳，于晚秋或早春（3月下旬前后），选取健壮、无病的植株，挖取地下根状茎即可作为繁殖材料，直接种植。

（1）种子繁殖　8月种子成熟后，选取成熟饱满的种子立即进行沙藏处理。种子1份，砂土3份混合均匀，存于背阴处30厘米深的坑内，保持湿润。待第2年3月下旬筛出种子，按行距12～15厘米，均匀撒播到畦面的浅沟内，盖土约1.5厘米，稍压后浇水，并盖1层草保湿。出苗前去掉盖草，苗高6～9厘米时，过密处可适当间苗，1年后移栽。为满足黄精生长所需的荫蔽条件，可在畦埂上种植玉米。

（2）根状茎繁殖　于晚秋或早春（3月下旬前后）选1～2年生健壮、无病虫害的植株根状茎，选取先端幼嫩部分，截成数段，每段有3～4节，伤口稍加晾干，按行距22～24厘米、株距10～16厘米、深5厘米栽种，覆土后稍加镇压并浇水，以后每隔3～5天浇水1次，使土壤保持湿润。于秋末种植时，应在墒上盖一些圈肥和草以保暖。（图3）

图3　根茎繁殖

3. 田间管理

（1）中耕除草　生长前期要经常中耕除草，每年于4、6、9、11月各进行1次，宜浅锄并适当培土；后期拔草即可。

（2）水肥管理　若遇干旱或植株种在较向阳、干旱的地方，需要及时浇水。每年结合中耕除草进行追肥，前3次中耕后每亩施用土杂肥1500千克，与过磷酸钙50千克、饼肥50千克混合拌匀后于行间开沟施入，施后覆土盖肥。黄精忌水和喜荫蔽，应注意排水和间作玉米。

（3）合理追肥　每年结合中耕进行追肥，每次施入人畜优质肥1000～1500千克/亩。每年冬前再次施优质农家肥1200～1500千克/亩，并混入过磷酸钙50千克、饼肥50千克，混合均匀后沟施，然后浇水，加速根的形成与成长。

（4）适时排灌　黄精喜湿怕旱，田间要经常保持湿润状态，遇干旱气候应及时浇水，但是雨季又要防止积水，及时排涝，以免烂根。

（5）摘除花朵　黄精的花期、果期持续时间较长，并且每一茎枝节腋生多朵伞形花序和果实，致使消耗大量的营养成分，影响根状茎生长。因此，要在花蕾形成前及时将花芽摘去，以促进养分集中转移到根状茎部，利于产量提高。

黄精种植见图4，多花黄精基地种植见图5。

图4　黄精种植

4. 病虫害防治

黄精的病害有叶斑病、黑斑病、菌核病、灰霉病、根腐病、炭疽病、软腐病等，其中最主要的是叶斑病、黑斑病、炭疽病。主要的害虫有蛴螬（金龟子的幼虫）、地老虎、二斑叶螨、斑腿蝗、蝼蛄等。

图5　多花黄精基地种植

（1）叶斑病　主要危害叶片，发病初期由基部叶开始，叶面上生褪色斑点，病斑扩大后呈椭圆形或不规则形，大小1厘米左右，中间淡白色，边缘褐色，靠健康组织处有明显黄晕。病斑形似眼状，故也称眼斑病。病情严重时，多个病斑接合引起叶枯死，并可逐渐向上蔓延，最后全株叶片枯死脱落。病原菌是一种交链孢菌，属半知菌亚门，丝孢纲，丛梗孢目，链格孢属真菌。分生孢子梗簇生，垂直，较短；分生孢子棒形，具纵横隔膜，串珠状，暗色。病菌在枯死的黄精残体上或冬季未死的植株上越冬，成为下一年的初侵染源，次年产生的分生孢子，随风雨或流水传播，进行初侵染和再次侵染。

防治方法　主要是抗病育种和清洁田园，根据病原菌的侵染规律，及时喷药保护，减少初次侵染的病原菌以及消灭媒介昆虫等，适当结合栽培措施和化学防治。常用的药剂有波尔多液、代森锌、退菌特、百菌清、托布津、多菌灵等。对泰山黄精叶斑病的药效试验表明，退菌特、波尔多液、代森锰锌3种药剂的常规剂量，对黄精叶斑病的防治效果较好，尤其是50%退菌特WP1000倍液效果最好。

（2）黑斑病　染病叶病斑呈圆形或椭圆形，紫褐色，后变黑褐色，严重时多个病斑可连接成斑，遍及全叶。病叶枯死发黑，不脱落，悬挂于茎秆。染病果实病斑黑褐色，略凹陷。病原菌为链格孢属，属半知菌亚门，丝孢目。分生孢子梗单生或簇生，直立或膝状弯曲，褐色具隔膜；分生孢子单生，倒棒形，直立或弯曲，褐色，具隔膜，横隔3～7个，纵、斜隔1～3个，分隔处略绕缩，（28～45）微米×（7～12）微米喙短柱状，淡褐色，0～1个横隔。在PDA真菌培养基上，菌落平坦，气生菌丝白色，稀疏，绒毡状，菌落反面橄榄黑色，颜色较深。

防治方法 收获时清园，消灭病残体；发病前及发病初期喷1∶1∶100倍波尔多液或50%退菌特1000倍液，每7～10天1次，连续数次。

（3）炭疽病 植株受害后，病斑多从叶尖叶缘开始，初为水渍状褐色小斑，后向下向内扩展成楔状、椭圆形至不定形褐斑，斑面云纹明显或不明显，斑边缘有黄色变色部，发病部位与健康部位分界不清晰。潮湿时，斑面出现许多针头大小的黑点病斑，当天气干燥时，病斑中央龟裂或脱落穿孔。病原菌为半知菌亚门，腔孢纲，黑盘孢目，刺盘孢属真菌。分生孢子盘多聚生，初埋生，后突破表皮，黑褐色，顶端不规则开裂。刚毛2～6根，暗褐色，顶端色淡，较尖，基部较粗，正直或弯曲。

防治方法 64%噁霜·锰锌可湿性粉剂和75%代森锰锌可湿性粉剂对炭疽病原菌的抑菌率可达到100%，90%三乙磷酸铝可湿性粉剂的抑菌率达到85%以上。

（4）地老虎 幼虫多从地面上咬断幼苗，主茎硬化可爬到上部危害生长点。

防治方法 ①杂草是地老虎早春产卵的主要场所，是幼虫迁向作物的桥梁。春播前进行春耕细耙，可消灭虫卵和1～2龄幼虫。②用50%辛硫磷可湿性粉剂制成毒土和颗粒剂，在作物苗期撒于作物行间，可收到较好的防治效果。③在作物后茬田挖翻前，用90%敌百虫晶体，或50%辛硫磷EC1000～1500倍，或菊酯类农药1500倍液喷雾。④用0.25千克敌百虫晶体拌和铡碎的鲜草或蚕豆茎叶30～50千克，每亩用毒饵5千克，毒草15～20千克，于傍晚撒在作物行间。

（5）蛴螬 蛴螬主要取食植物的地下部分，咬断幼苗的根、茎，造成枯死，或啃食块根、块茎，使作物生长衰弱，直接影响产量和品质。

防治方法 ①做好预测、预报工作：调查和掌握成虫发生盛期，采取措施，及时防治。②农业防治：实行水、旱轮作；在玉米生长期间适时灌水；不施未腐熟的有机肥料；精耕细作，及时镇压土壤，清除田间杂草；大面积春、秋耕，并跟犁拾虫等。虫害发生严重的地区，秋、冬季翻地可把越冬幼虫翻到地表使其风干、冻死或被天敌捕食，机械杀伤，效果明显；同时，应防止使用未腐熟的有机肥料，以防其招引成虫来产卵。③药剂处理土壤：每亩用50%辛硫磷乳油200～250克，加水10倍喷于25～30千克细土上，拌匀制成毒土，顺垄条施，随即浅锄，或将该毒土撒于种沟或地面，随即耕翻或混入厩肥中施用；每亩用2%甲基异柳磷粉2～3千克拌细土25～30千克制成毒土；用3%甲基异柳磷颗粒剂、3%呋哺丹颗粒剂、5%辛硫磷颗粒剂或5%地亚农颗粒剂，每亩2.5～3千克处理土壤。④药剂拌种：用50%辛硫磷、50%对硫磷或20%异柳磷药剂与水和种子按1∶30∶（400～500）的比例拌种；用25%辛硫磷胶囊剂或25%对硫磷胶囊剂等有机磷药剂，或用种子重量2%的

35%克百威种衣剂包衣，还可兼治其他地下害虫。⑤毒饵诱杀：每亩地用25%对硫磷或辛硫磷胶囊剂150～200克拌谷子等饵料5千克，或50%对硫磷、50%辛硫磷乳油50～100克拌饵料3～4千克，撒于种沟中，亦可收到良好防治效果。⑥物理方法：有条件地区，可设置黑光灯诱杀成虫，减少蛴螬的发生数量。⑦生物防治：利用茶色食虫虻、金龟子黑土蜂、白僵菌等。

五、采收加工

1. 采收

于春、秋二季采挖，把全株挖起，抖去泥土，除去地上茎叶和根状茎上的须根，运回加工（图6）。

图6　黄精采收

2. 加工

先将其根状茎加工成黄精坯，药用时再加工成制黄精。

（1）黄精坯的加工　采收的新鲜根状茎放入竹篓内，置于流水中，再倒入盛有清水的大木盆内洗去泥沙，捞出，沥干水分，倒入锅内，加清水淹没根状茎，以大火熬煮，及时加水，保持根状茎不漏出水面，直至全熟透于心（切开根状茎中间无白点为度）。取出，摊放在竹席或水泥晒场上暴晒，经常翻转。白天暴晒，夜间堆积，直晒至足干，即成黄精坯。

（2）制黄精的加工

①由鲜黄精直接加工而成。即将黄精根状茎煮熟至透心后（煮时剩下的浓缩汁液留下备用），晒至五成干，放入蒸笼内隔水蒸约4小时，取出，再晒。如此反复蒸晒多次，直至表面呈黑色，内部呈黑棕色、似柿饼心状，将留下的浓缩汁液淋在黄精上。拌匀后再上笼蒸煮1次，取出，摊开晒干或烘干即成。

②由黄精坯加工制成。把黄精坯放入蒸笼内蒸数小时，使其软透后取出，推开暴晒，边晒边揉搓。如此蒸晒揉搓数次，至其表面呈黑色，内部黑棕色、似柿饼心状，无硬心，呈干爽柔润状即成。品质要求：一级品，干爽，个大，蒸熟透心，柔软，肥大，内外滋润，黑色。味甜，无麻舌，无酸味。二级品，干爽，中小个，其余与一级品相同。

六、药典标准

1. 药材性状

（1）大黄精　呈肥厚肉质的结节块状，结节长可达10厘米以上，宽3～6厘米，厚2～3厘米。表面淡黄色至黄棕色，具环节，有皱纹及须根痕，结节上侧茎呈圆盘状，圆周凹入，中部突出。质硬而韧，不易折断，断面角质，淡黄色至黄棕色。气微，味甜，嚼之有黏性。

（2）鸡头黄精　呈结节状弯柱形，长3～10厘米，直径0.5～1.5厘米。结节长2～4厘米，略呈圆锥形，常有分枝。表面黄白色或灰黄色，半透明，有纵皱纹，茎痕圆形，直径5～8毫米。

（3）姜形黄精　呈长条结节块状，长短不等，常数个块状结节相连。表面灰黄色或黄褐色，粗糙，结节上侧有突出的圆盘状茎痕，直径0.8～1.5厘米。

2. 显微鉴别

（1）大黄精横切面　表皮细胞外壁较厚。薄壁组织间散有多数大的黏液细胞，内含草酸钙针晶束。维管束散列，大多为周木型。

（2）鸡头黄精、姜形黄精横切面　维管束多为外韧型。

3. 检查

（1）水分　不得过18.0%。

（2）总灰分　不得过4.0%。

（3）重金属及有害元素　照铅、镉、砷、汞、铜测定法测定，铅不得过5毫克/千克；镉不得过1毫克/千克；砷不得过2毫克/千克；汞不得过0.2毫克/千克；铜不得过20毫克/千克。

4. 浸出物

照醇溶性浸出物测定法项下的热浸法测定，用稀乙醇作溶剂，不得少于45.0%。

七、仓储运输

在保存黄精时，可将黄精用塑料袋密封，以隔绝空气，置通风、干燥、阴凉处。日常要注意防霉、防蛀。

八、药材规格等级

根据市场流通情况，将黄精分为"鸡头黄精"和"姜形黄精"两个规格。等级皆分为"一等""二等""三等"和"统货"。（表1）

表1　黄精药材规格等级

规格	等级	性状描述	
		共同点	区别点
鸡头黄精	一等（图7）	干货。呈结节状弯柱形，结节略呈圆锥形，头大尾细，形似鸡头，常有分枝；表面黄白色或灰黄色，半透明，有纵皱纹，茎痕圆形	每千克≤75头
	二等（图8）		每千克75～150头
	三等（图9）		每千克≥150头
	统货（图10）	结节略呈圆锥形，长短不一。不分大小	
姜形黄精	一等（图11）	干货。呈长条结节块状，分枝粗短，形似生姜，长短不等，常数个块状结节相连。表面灰黄色或黄褐色，粗糙，结节上侧有突出的圆盘状茎痕	每千克≤110头
	二等（图12）		每千克110～210头
	三等（图13）		每千克≥210头
	统货（图14）	结节呈长条块状，长短不等，常数个块状结节相连。不分大小	

图7 鸡头黄精一等

图8 鸡头黄精二等

图9 鸡头黄精三等

图10 鸡头黄精统货

图11 姜形黄精一等

图12 姜形黄精二等

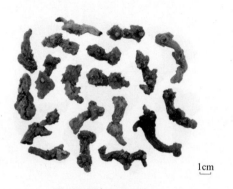

图13 姜形黄精三等　　　　　　　　　　　图14 姜形黄精统货

九、药用食用价值

1. 临床常用

黄精中富含天门冬氨酸、毛地黄糖苷、蒽醌类化合物、黏液质、糖类、烟酸、锌、铜、铁等。有抗缺氧、抗疲劳、抗衰老功效；能增强免疫功能，加速新陈代谢；有降血糖和强心功效。黄精属植物含有多种天然美容活性成分，具有抗衰老、防辐射、抗炎、抗菌、生发乌发等美容功效。

2. 食疗及保健

因为黄精属植物具有美容养颜的功效，所以可以开发成天然的中草药保健化妆品。如可利用其抗衰老功能研制成面膜、洗面奶、护肤霜等；利用其防辐射功能研制成防晒霜；利用其抗炎、抗菌功能研制成沐浴露、香皂、脚气露、药膏等；利用其生发乌发功能研制成乌发液、洗发香波、护发素等产品；利用其固齿功能研制成护齿产品。

参考文献

[1] 农训学. 黄精的采收加工[J]. 农村新技术，2009，10（12）：41–64.
[2] 施大文，王志伟，李自力，等. 中药黄精的性状和显微鉴别[J]. 上海医科大学报，1993，20（3）：213–219.

[3]　滕雪梅. 黄精的栽培与加工[J]. 吉林农业，2010，2（1）：64.

[4]　田启健，赵致，谷甫刚. 栽培黄精的植物学形态特征[J]. 山地农业生物学报，2008，6（2）：72-75.

[5]　孙世伟. 汉中地区黄精主要害虫发生及防治技术研究[D]. 咸阳：西北农林科技大学，2007.

[6]　杨汝. 贵州省黄精病害发生情况调查及叶斑病的初步研究[D]. 贵阳：贵州大学，2008.

[7]　田启建，赵致，谷甫刚. 贵州黄精病害种类及发生情况研究初报[J]. 安徽农业科学，2008，36（17）：7301-7303.

[8]　刘塔斯，肖冰梅，余惠旻. 药用动植物种养加工技术——玉竹黄精[M]. 北京：中国中医药出版社，2001.

[9]　毕研文，宫俊华，杨永恒. 泰山黄精综合栽培技术研究[J]. 中国农学通报，2005，21（12）：280-282.

[10]　朱广启. 商洛市中药材病虫害发生现状与控制对策[J]. 陕西农业科学，2006，13（3）：81-83.

[11]　孔谨，许勇，刘凤琴，等. 黄精滋补食品的开发与研究[J]. 食品研究与开发，1998，10（4）：34-36.

[12]　黄璐琦，詹志来，郭兰萍. 中药材商品规格等级标准汇编（第一辑）[S]. 北京：中国中医药出版社，2019：281-287.

菊花

ju hua

本品为菊科植物菊*Chrysanthemum morifolium* Ramat.的干燥头状花序。

一、植物特征

多年生草本，高60～150厘米。茎直立，分枝或不分枝，被柔毛。叶卵形至披针形，长5～15厘米，羽状浅裂或半裂，有短柄，叶下面被白色短柔毛。头状花序直径2.5～20厘米，大小不一。总苞片多层，外层外面被柔毛。舌状花颜色各种，管状花黄色。（图1）

图1 菊

二、资源分布概况

菊在我国分布范围广，主要分布于安徽、浙江、河南、河北、湖南、湖北、四川、山东、陕西、广东、天津、山西、江苏、福建、江西、贵州等地。

湖北省所产的药用菊花则主要分布于以麻城市福田河镇为中心的大别山区。2008年，麻城福白菊被原农业部登记为全国首批28个"地理标志农产品"之一。2010年，福田河镇菊花产量已经占到了全国药用菊花总产量的1/4，成为仅次于浙江桐乡和江苏盐城的全国第三大菊花产地。

三、生长习性

菊喜温暖气候和阳光充足的环境，忌在荫蔽的环境中生长，能耐寒，严冬季节根状茎能在地下越冬；较耐旱，怕涝。菊为短日照植物，对日照长短反应很敏感，每天不超过10~12小时的光照，才能使其正常现蕾开花。花能经受微霜，但幼苗生长和分枝孕蕾期需要较高的气温。菊最适生长温度在20℃左右。菊花喜肥，适宜在肥沃、疏松、排水良好、含腐殖质丰富的砂壤土中生长。黏土、低洼地、盐碱地不宜种植，并忌连作。

四、栽培技术

1. 选地整地

（1）选地　菊为浅根性植物。育苗地应选择地势平坦、土层深厚、疏松肥沃和有水源灌溉方便的地方。

（2）整地　于头年秋、冬季深翻土地，使其风化疏松。在翌年春季进行扦插繁殖前，再结合整地施足基肥，浅耕1遍。然后做成宽1.5米、长视地形而定的插床，四周开好大小排水沟，以利排水。栽植地，宜选择地势高燥、阳光充足、土质疏松、排水良好的地块，以砂质壤土为宜。选地后，于前作收获后，翻耕土壤深25厘米左右，结合整地每亩施入腐熟厩肥或堆肥2500千克，翻入土内作基肥。然后整细耙平做成宽1.5米的高畦，开畦沟宽40厘米，四周挖好大小排水沟，以利排水。

2. 繁殖方法

菊可以采用分株繁殖、扦插繁殖、压条繁殖等多种方法来培育壮苗。其中，分株繁殖省时省力、操作方便，而且培育出的菊花苗长势强、开花多、产量高，因此，是目前生产上经常采用的繁殖方法。

（1）分株繁殖　培育壮苗和选苗：摘花前，选留株壮、花大的优良植株，做好标记。于11月收获菊花后，将地上茎枝齐地面割除，根蔸全部挖起，集中移栽到一块肥沃的地块上，用腐熟厩肥或土杂肥覆盖保暖越冬。翌年3～4月，扒开土粪等覆盖物，浇施1次稀薄人畜粪水，促其萌发生长。4～5月，当菊苗高15厘米左右时，挖出根蔸，选取种根粗壮、须根发达、无病虫害的作种苗，立即栽入大田。栽植：栽前，将苗根用50%多菌灵600倍液浸渍12小时，可预防叶枯病等。栽时，在整好的栽植地上按行株距40厘米×30厘米挖穴，每穴栽入种苗2～3株。栽后用手压紧苗根并浇水湿润。一般每亩老菊花萌发后可分栽大田1公顷左右。

（2）扦插繁殖　于每年4～5月或6～8月，在菊花打顶时，选择发育充实、健壮无病虫害的茎枝作插条。去掉嫩茎，将其截成10～15厘米长的小段，下端近节处，削成马耳形斜面。先用水浸湿，快速在1.5～3克/千克吲哚乙酸溶液中浸蘸一下，取出晾干后立即进行扦插。插时，在整好的插床上，按行株距10厘米×8厘米画线打引孔，将插条斜插入孔内。插条入土深度为穗长的1/2～2/3。插后用手压实并浇水湿润。20天左右即可发根。插条生根萌发后，若遇高湿天气，应给予搭棚遮阴，增加浇水次数；发现床面有杂草，要

及时拔除。当苗高20厘米左右时，即可出圃栽植。栽植密度每亩以4000～5000株为宜。（图2）

图2　菊扦插育苗

3. 田间管理

（1）中耕除草　菊苗栽植成活后至现蕾前要中耕除草4～5次。第1次在立夏后，宜浅松土，勿伤根系，除净杂草，避免草荒；第2次在芒种前后，此时杂草滋生，应及时除净，以免与药菊争夺养分；第3次在立秋前后；第4次在白露前；第5次在秋分前后进行。前2次宜浅不宜深，后3次宜深不宜浅。在后2次中耕除草后，应进行培土壅根，防止植株倒伏。

（2）追肥　菊花为喜肥作物，前期氮肥不宜多，合理增施磷肥，可使菊花结蕾多、产量高。除施足基肥外，在生长期还应追肥3次。第1次于移栽后15天左右，当菊苗成活开始生长时，每亩追施稀薄人畜粪水1000千克，或尿素8～10千克兑水浇施，以促进菊苗生长；第2次在植株开始分枝时，每亩施入稍浓的人畜粪水1500千克，或腐熟饼肥50千克兑水浇施，以促多分枝；第3次在孕蕾前，每亩追施较浓的人畜粪水2000千克，或尿素10千克加过磷酸钙25千克兑水浇施，以促多孕蕾开花。贡菊主产区为安徽歙县，药农说菊花是"七死八活九开花"的作物，意指药菊在7月份生长不旺盛，常因缺水而萎蔫；8月药菊又开始旺盛生长了。因此，大量的速效肥料应在7月中旬至8月中下旬施入，有利增产。此外，在孕蕾期喷施0.2%磷酸二氢钾，能促进开花整齐，提高菊花产量和质量。

（3）摘心打顶　摘心、打顶可促进菊花多分枝、多孕蕾开花和主干生长粗壮。应于小满前后、当苗株高20厘米左右时进行第1次摘心，即选晴天摘去顶心1～2厘米。以后每隔15天摘心1次，共3次。此外，对生长衰弱的植株，也应少摘心。

4. 病虫害防治

（1）白锈病　雨季发病严重，叶背具灰白色至淡褐色疱斑，严重时布满锈斑。

防治方法　密度应适度，不过量施氮肥。插穗用500～800倍液氧化萎锈灵水合剂浸泡预防；生长期喷百菌清水合剂800倍液或代森锰水合剂500倍液预防；发病初期用15%粉锈宁粉剂1500倍液或苯菌灵水合剂1000倍液在叶背面喷洒，4～5天喷1次；应拔除并烧毁病株。

（2）叶斑病　高温雨季多发，初期基部叶出现褐斑，严重时叶变黑色、干枯至脱落。

防治方法　应清除病株，进行土壤消毒，轮作。可喷75%百菌清或50%托布津500~1000倍液等，预防时10～15天喷1次；发病后 5~7天喷1次，喷3~4次。

（3）枯萎病　初期枝叶呈灰色，土壤湿润时植株昼夜均呈萎蔫状，枝条易折断，后期枝叶深褐色、腐烂。

防治方法　应拔除烧毁病株；插穗用链霉素1000倍液浸泡4小时预防，喷50%多菌灵粉剂500倍液或75%百菌清粉剂1000倍液，10～15天喷1次，喷2~3次。

（4）病毒病　心叶黄化或花叶，叶畸形、小而厚，严重时长势下降。

防治方法　应防治蚜虫、蓟马、飞虱等传毒昆虫，采用脱毒母株，避免经采穗工具等人为传毒。

（5）根腐病　根系腐烂，呈干腐状或乱麻状，叶片枯黄凋萎，多发生在开花前后。

防治方法　适当灌水，涝排旱灌，疏松土壤。

（6）霜霉病　由真菌中的一种鞭毛菌引起，主要危害叶部，空气潮湿时叶背产生霜状霉层，有时可蔓延到叶面，严重时全部外叶枯黄死亡。

防治方法　发病初期可用60%灭克可湿性粉剂800~1000倍液和65%代森锌可湿性粉剂 500倍液喷雾。进入雨季应及时排水。不宜连作，可实行与禾谷类作物3年以上的轮作。

五、采收加工

1. 采收

霜降至立冬为采收适期。一般以管状花（即花心）散开2/3时采收为宜。采菊花宜在晴天露水干后采收，不采露水花，否则容易腐烂、变质，加工后色逊，质量差。

2. 加工

（1）亳菊　在花盛开齐放、花瓣普遍洁白时连茎秆一起割取，然后扎成小把，倒挂在通风干燥处晾干。不能暴晒，否则香气差。当晾到八成干时，即可将花摘下，置熏房内用硫黄熏蒸至白色。取出再薄摊晾晒1天，即可干燥。干后装入木箱，内衬牛皮纸防潮，一层亳菊一层白纸相间压实贮藏。

（2）滁菊　采后阴干；再用硫黄熏白，取出晒至六成干时，用竹筛将花头筛成圆球形，晒至全干即成。晒时切忌用手翻动，只能用竹筷等轻轻翻晒。同样须用防潮箱篓贮藏。

（3）贡菊　先将菊花薄摊于竹床上，置烘房内用无烟煤或木炭作燃料烘焙干燥。初烘时温度控制在40～50℃之间。当第1轮菊花烘至九成干时，再转入温度30～40℃，烘第2轮。当花色烘至象牙白色时，即可将其从烘房内取出，置通风干燥处晾至全干即成商品。此法加工菊花，清香而又甘甜，花色鲜艳而又洁白，且挥发油损失甚少，较晒、熏、蒸等法加工质量好，没有硫化物污染，深受我国港澳地区及海外药商和消费者的欢迎。贡菊花包装亦很有讲究，即每0.5千克压成宽15厘米、长20厘米、厚6厘米的长方形"菊花砖"。再用几层牛皮纸防潮包装，装入木箱或竹篓内。

六、药典标准

1. 药材性状

（1）亳菊　呈倒圆锥形或圆筒形，有时稍压扁呈扇形，直径1.5～3厘米，离散。总苞碟状；总苞片3～4层，卵形或椭圆形，草质，黄绿色或褐绿色，外面被柔毛，边缘膜质。花托半球形，无托片或托毛。舌状花数层，雌性，位于外围，类白色，劲直，上举，纵向折缩，散生金黄色腺点；管状花多数，两性，位于中央，为舌状花所隐藏，黄色，顶端5齿裂。瘦果不发育，无冠毛。体轻，质柔润，干时松脆。气清香，味甘、微苦。（图3）

（2）滁菊　呈不规则球形或扁球形，直径1.5～2.5厘米。舌状花类白色，不规则扭曲，内卷，边缘皱缩，有时可见淡褐色腺点；管状花大多隐藏。（图4）

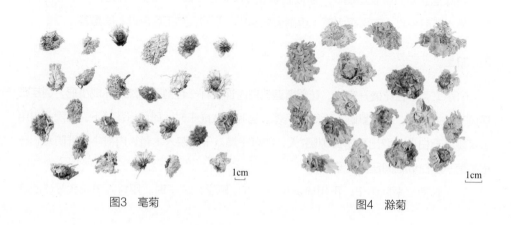

| 图3　亳菊 | 图4　滁菊 |

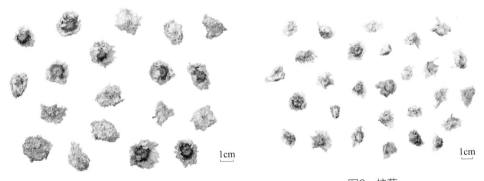

图5 贡菊   图6 杭菊

（3）贡菊 呈扁球形或不规则球形，直径1.5～2.5厘米。舌状花白色或类白色，斜升，上部反折，边缘稍内卷而皱缩，通常无腺点；管状花少，外露。（图5）

（4）杭菊 呈碟形或扁球形，直径2.5～4厘米，常数个相连成片。舌状花类白色或黄色，平展或微折叠，彼此粘连，通常无腺点；管状花多数，外露。（图6）

图7 怀菊

（5）怀菊 呈不规则球形或扁球形，直径1.5～2.5厘米。多数为舌状花，舌状花类白色或黄色，不规则扭曲，内卷，边缘皱缩，有时可见腺点；管状花大多隐藏。（图7）

2. 显微鉴别

粉末黄白色。花粉粒类球形，直径32～37微米，表面有网孔纹及短刺，具3孔沟。T形毛较多，顶端细胞长大，两臂近等长，柄2～4细胞。腺毛头部鞋底状，6～8细胞两两相对排列。草酸钙簇晶较多，细小。

3. 检查

水分 不得过15.0%。

七、仓储运输

1. 仓储

药材仓储要求符合《绿色食品　贮藏运输准则》（NY/T 1056—2006）的规定。仓库应具有防虫、防鼠、防鸟的功能；要定期清理、消毒和通风换气，保持洁净卫生；不应与非绿色食品混放；不应和有毒、有害、有异味、易污染物品同库存放；在保管期间如果水分超过14%、包装袋打开、没有及时封口、包装物破碎等，导致菊花吸收空气中的水分，发生返潮、结块、褐变、生虫等现象，必须采取相应的措施。

2. 运输

运输车辆的卫生合格，温度在16～20℃，湿度不高于30%，具备防暑、防晒、防雨、防潮、防火等设备，符合装卸要求；进行批量运输时应不与其他有毒、有害、易串味物质混装。

八、药材规格等级

1. 亳菊

呈倒圆锥形或圆筒形，有时稍压扁呈扇形，直径1.5～3厘米，离散。总苞碟状；总苞片3～4层，卵形或椭圆形，草质，黄绿色或褐绿色，外面被柔毛，边缘膜质。花托半球形，无托片或托毛。舌状花数层，雌性，位于外围，类白色，劲直，上举，纵向折缩，散生金黄色腺点；管状花多数，两性，位于中央，为舌状花所隐藏，黄色，顶端5齿裂。瘦果不发育，无冠毛。体轻，质柔润，干时松脆。气清香，味甘、微苦。

（1）选货　花朵均匀，碎朵率≤10%，花梗、枝叶含量≤1%。

（2）统货　花朵欠均匀，碎朵率≤30%，花梗、枝叶、霜打花含量≤3%。

2. 杭菊

呈碟形或扁球形，直径2.5～4厘米，常数个相连成片。舌状花类白色或黄色，平展或微折叠，彼此粘连，通常无腺点；管状花多数，外露。

（1）选货　花朵均匀，碎朵率≤5%，潽汤花、花梗、枝叶含量≤1%。

（2）统货　花朵欠均匀，碎朵率≤30%，潽汤花、花梗、枝叶含量≤3%。

3. 贡菊

呈扁球形或不规则球形，直径1.5～2.5厘米。舌状花白色或类白色，斜升，上部反折，边缘稍内卷而皱缩，通常无腺点；管状花少，外露。

（1）选货　花朵均匀，碎朵率≤5%，花梗、枝叶含量≤1%。

（2）统货　花朵欠均匀，碎朵率≤50%，花梗、枝叶含量≤3%。

4. 怀菊

统货　呈不规则球形或扁球形，直径1.5～2.5厘米。多数为舌状花，舌状花类白色或黄色，不规则扭曲，内卷，边缘皱缩，有时可见腺点；管状花大多隐藏。碎朵率≤50%。花梗、枝叶含量≤3%。

5. 滁菊

统货　呈不规则球形或扁球形，直径1.5～2.5厘米。舌状花类白色，不规则扭曲，内卷，边缘皱缩，有时可见淡褐色腺点；管状花大多隐藏。花梗、枝叶含量≤3%。

九、药用食用价值

1. 临床常用

（1）风热感冒或温病初起之咳嗽　菊花功似桑叶，能疏散风热、清肺热，并常与之相须为用，治疗外感风热或疫疠邪气犯肺引起发热、咳嗽等，如桑菊饮。

（2）目赤肿痛、视物昏花　本品长于清肝明目，较桑叶更为常用。治肝经风热，目赤肿痛，畏光流泪，常与蝉蜕、木贼等疏风明目药配伍；治疗肝火上炎，目赤肿痛，可与清肝明目药同用；治疗肝肾不足，目失所养之视物昏花、目暗不明，常与滋补肝肾、益阴明目药物同用。

（3）肝阳上亢、眩晕头痛及肝风头痛　本品还能平抑上亢之肝阳，也较桑叶常用。治疗肝肾阳虚，肝阳上亢及头痛眩晕等，常与其他平肝潜阳药以及滋养肝肾之阴的药物同用。若肝火上攻之眩晕、头痛，以及肝经热盛、热极风动，可与清肝热、平肝息风止痉药同用。

（4）热毒疮痈肿痛　本品能清热解毒，用于热毒疮痈、红肿热痛，可与清热解毒药同用，内服外敷均可。

2. 食疗及保健

（1）菊花酒　由菊花加糯米、酒曲酿制而成，古称"长寿酒"，其味清凉甜美，有养肝、明目、健脑、延缓衰老等功效。

（2）菊花粥　将菊花与粳米同煮制粥，濡糯清爽，能清心、除烦、悦目、去燥。

（3）菊花茶　用菊花泡茶，气味芳香，可消暑、生津、祛风、润喉、养目、解酒。

（4）菊花糕　把菊花拌在米浆里，蒸制成糕，或用绿豆粉与菊花制糕，具有清凉去火的效果。

（5）菊花肴　由菊花与猪肉、蛇肉炒，或与鱼肉、鸡肉煮食的"菊花肉片"，荤中有素，补而不腻，清心爽口，可用于头晕目眩、风热上扰之症的辅助治疗。

（6）菊花羹　将菊花与银耳或莲子煮（或蒸）成羹食，加入少许冰糖，可去烦热、利五脏、治头晕目眩。

（7）菊花护膝　将菊花、陈艾叶捣碎为粗末，装入纱布袋中，做成护膝，可祛风除湿、消肿止痛，治疗鹤膝风等关节炎。

（8）菊花枕　菊花香气有疏风、平肝之功，嗅之，对感冒、头痛有辅助治疗作用。

参考文献

[1]　夏伟，谭政委，余永亮，等. 药用菊花种质资源研究进展[J]. 安徽农业科学，2018，46（21）：37–38，49.

[2]　朱文彬. 菊花高效栽培技术[J]. 农业与技术，2019，39（21）：138.

[3]　张慧. 菊花栽培技术及采收加工[J]. 安徽农学通报，2015，21（18）：66–67.

[4]　李巧智，王孟文，王景震，等. 菊花栽培与管理技术[J]. 现代农村科技，2019（5）：34.

[5]　苏碧玉，左际江，段彦君，等. 药用菊花栽培技术[J]. 云南农业科技，2020（3）：35–36.

[6]　黄璐琦，詹志来，郭兰萍. 中药材商品规格等级标准汇编（第二辑）[S]. 北京：中国中医药出版社，2019：895–901.

野菊花

本品为菊科植物野菊*Chrysanthemum indicum* L.的干燥头状花序。

一、植物特征

多年生草本。茎枝被稀疏的毛。基生叶和下部叶花期脱落。中部茎叶卵形、长卵形或椭圆状卵形，羽状半裂、浅裂或分裂不明显而边缘有浅锯齿。头状花序，多数在茎枝顶端排成疏松的伞房圆锥花序或少数在茎顶排成伞房花序。总苞片约5层。全部苞片边缘白色或褐色宽膜质，顶端钝或圆。舌状花黄色，顶端全缘或2～3齿。瘦果。花期6～11月。（图1）

图1　野菊

二、资源分布概况

野菊花主要分布于吉林、辽宁、河北、山西、陕西、甘肃、青海、新疆、山东、江苏、浙江、福建、江西、湖北、四川、云南等地。大别山、秦岭、中条山、伏牛山、太行山等山区与平原的交接地带较多，平原地区较少。

目前，野菊花药材主要来源于野生，规范化种植基地仅湖北省阳新县的野菊花GAP基地。

三、生长习性

野菊花喜凉爽湿润气候，耐寒。以土层深厚、疏松肥沃、富含腐殖质的壤土栽培为宜。多生于山坡草地、灌丛、河边水湿地、海滨盐渍地及田边、路旁。

四、栽培技术

1. 选地整地

（1）选地　选择肥力充足、松软通透且保肥能力强的土壤，忌连作。

（2）整地　选好土壤之后将其深翻至少25厘米，进行消毒，提高土壤肥力，消灭病虫菌，然后再施入充足的腐熟农家肥作为基肥。

2. 种植材料

繁殖方式包括分株繁殖和扦插繁殖。分株繁殖和扦插繁殖均以生长健壮、无病害的植株为母株。

3. 种植方法

（1）分株繁殖　11月收摘花后，将花茎齐地面割除，选择生长健壮、无病害植株，将其根全部挖出，重新栽植在一块肥沃的地块上，施一层土杂肥，保暖越冬。翌年3～4月扒开粪土，浇水，4～5月份野菊幼苗长至15厘米高时，将全株挖出，分成数株，立即栽植于大田，栽时株行距为40厘米，挖穴，每穴栽苗1～2株，栽后盖上压实，浇定根水。

（2）扦插繁殖　每年约5月中旬时，在健壮生长的老株上选择长约5厘米的嫩枝梢。然后将枝梢上的叶片摘除约2/3，再将扦插基部放入高锰酸钾中约15分钟进行消毒。还可适当涂抹生根剂，若没有生根剂也可不用涂抹。然后将枝梢垂直插入苗床中，深度约为枝梢的一半。扦插后要保持土壤湿润，适当喷施新高脂膜，避免水分蒸发过快，降低病虫害发病率，然后做好遮阴工作，大约2周便会成活。

图2　野菊田间种植

野菊田间种植见图2。

4. 田间管理

（1）中耕除草　野菊苗移栽成活后，到现蕾前要进行4～5次除草。每次除草宜浅不宜深，同时要进行培土，防止野菊苗倒伏。

（2）追肥　野菊喜肥，除施足基肥外，生长期还应进行3次追肥。第1次在移栽返青后，施10～15千克尿素，催苗。第2次在植株分枝时，每亩可施饼肥、人粪尿。第3次施肥在现蕾期。

（3）摘蕾　野菊分枝后，在小满前后，当苗高25厘米时，进行第1次摘心，选晴天摘去顶心1～2厘米，以后每隔半个月摘心1次。在大暑后停止，否则分枝过多，营养不良，花头变得细小，反而影响野菊花的产量和质量。

5. 病虫害防治

野菊常见的病害有根腐病、霜霉病、褐斑病等。在多雨季节，野菊易发生全株叶片枯萎、根系霉烂；并有根际线虫，严重影响野菊的生长。防治方法是移栽前用呋喃丹处理野菊苗和栽种穴，可避免烂根；另外，发现病株要及时拔除；雨季要及时排出田间积水。其他病虫害可按常规方法处理。

五、采收加工

1. 采收

霜降至立冬采收，以花心散开2/3时为采收适宜期。选择晴天采收，一天的最佳时间是下午2～4点，此时没有露水。（图3）

图3　野菊花采收

2. 加工

（1）杀青　野菊花采收后用锅炉蒸汽杀青，一般半分钟内就能完成，锅内蒸汽上冒后，再放入野菊花蒸制，注意不要浸水。或者用耐高温的食品塑料袋密封后微波炉杀青，一般2分钟左右即可。

（2）干燥　杀青后直接倒入烘干盘或者竹筛中，放入烘房烘干。晴天也可以晒干，量少时也可以用无烟火炕干。

六、药典标准

1. 药材性状

本品呈类球形，直径0.3～1厘米，棕黄色。总苞由4～5层苞片组成，外层苞片卵形或条形，外表面中部灰绿色或浅棕色，通常被白毛，边缘膜质；内层苞片长椭圆形，膜质，外表面无毛。总苞基部有的残留总花梗。舌状花1轮，黄色至棕黄色，皱缩卷曲；管状花多数，深黄色。体轻。气芳香，味苦。

2. 检查

（1）水分　不得过14.0%。

（2）总灰分　不得过9.0%。

（3）酸不溶性灰分　不得过2.0%。

七、仓储运输

1. 仓储

药材仓储要求符合《绿色食品　贮藏运输准则》（NY/T 1056—2006）的规定。仓库应具有防虫、防鼠、防鸟的功能；要定期清理、消毒和通风换气，保持洁净卫生；不应与非绿色食品混放；不应和有毒、有害、有异味、易污染物品同库存放；在保管期间如果水分超过14%、包装袋打开、没有及时封口、包装物破碎等，导致野菊花吸收空气中的水分，发生返潮、结块、褐变、生虫等现象，必须采取相应的措施。

2. 运输

运输车辆的卫生合格，温度在16～20℃，湿度不高于30%，具备防暑、防晒、防雨、防潮、防火等设备，符合装卸要求；进行批量运输时应不与其他有毒、有害、易串味物质混装。

八、药材规格等级

呈类球形，直径0.3～1厘米，棕黄色。总苞由4～5层苞片组成，外层苞片卵形或条形，外表面中部灰绿色或浅棕色，通常被白毛，边缘膜质；内层苞片长椭圆形，膜质，外表面无毛。总苞基部有的残留总花梗。舌状花1轮，黄色至棕黄色，皱缩卷曲；管状花多数，深黄色。体轻。气芳香，味苦。

（1）统货　1%＜杂质≤3%。无变色；无虫蛀；无霉变。（图4）

（2）选货　杂质率≤1%。无变色；无虫蛀；无霉变。（图5）

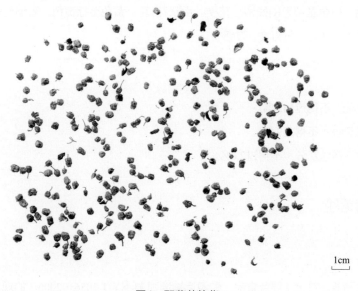

1cm

图4　野菊花统货

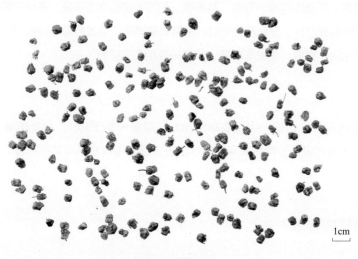

1cm

图5　野菊花选货

市场上有许多出售的野菊花是菊米（未开放的花骨朵）、已经盛开的野菊花。《中国药典》2020年版要求野菊花是花初开放时采摘，所以菊米和盛开的野菊花均不符合药典要求，需注意此类商品混掺现象。

野菊花产地干燥加工时有2种加工方式，一种是直接晒干，一种是先在铁锅里炒一下收朵杀青后再晒干。炒过的野菊花表面有一点点焦黑，和晒干的区分不太大，故不因产地加工方式划分规格等级。

九、药用食用价值

1. 临床常用

（1）抗炎和免疫作用　本品具有抗炎、免疫调节、调节单细胞吞噬活性的作用。

（2）抗病原微生物、抗感染、抗疟疾作用　本品对肺炎克雷伯菌、大肠埃希菌、铜绿假单胞菌、枯草杆菌、金黄色葡萄球菌等有不同程度抑制作用，且有效控制疟蚊的幼虫和虫卵。

（3）抗肿瘤作用　本品能有效抑制由异丙肾上腺素促进的癌细胞有丝分裂，来抑制癌细胞增殖。

（4）其他作用　野菊花还具有抗氧化、镇痛、降血糖、降血脂等作用。

2. 食疗及保健

（1）红豆红枣野菊花保健饮料　红豆汁、红枣汁、野菊花汁的体积分数分别为0.30、0.10、0.30，白砂糖、柠檬酸的添加量分别为50g/L、1.0g/L。复合稳定剂的组成为海藻酸钠、黄原胶、琼脂，其添加量分别为0.05g/L、0.50g/L、0.50g/L。在此条件下生产的保健饮料具有红豆、红枣和野菊花特有的香味与色泽，口感醇厚柔和，酸甜适当。

（2）高歌牌清咽含片　主要原料为金银花、诃子、野菊花、橘皮、天然薄荷脑、薄荷油、白砂糖、葡萄糖浆、食用盐。适用于咽部不适者，每日6次，每次1片，含服。

（3）润馨堂牌盛元口服液　主要原料为天麻、制何首乌、野菊花、蜂王浆、蜂蜜、单糖浆、苯甲酸钠、纯化水，适应于免疫力低下者，每日3次，每次1支，口服。

参考文献

[1] 钟灵允，曾佳恒，刘巧，等. 野菊花挥发油组成分析及其抗菌活性研究[J]. 成都大学学报（自然科学版），2018，37（4）：373–376.

[2] 虞放，汪涛，郭巧生，等. 野菊野生抚育研究[J]. 中国中药杂志，2019，44（4）：636–640.

[3] 樊高洁，李淑敏，张珊，等. 野菊的质量标准研究[J]. 中草药，2017，48（19）：4073–4076.

[4] 胡明文，宋裕忠. 饮用菊花种植技术[J]. 现代农业科技，2007（21）：47.

[5] 赵秀玲，王昊. 红豆红枣野菊花保健饮料的研制[J]. 河北科技师范学院学报，2015，29（3）：45–52.

[6] 宋颜君，许利嘉，缪建华，等. 野菊花的研究进展[J]. 中国现代中药：1–12.

[7] 韩正洲. 野菊资源研究与野菊花药材品质评价[D]. 广州：广州中医药大学，2017.

[8] 黄璐琦，詹志来，郭兰萍. 中药材商品规格等级标准汇编（第二辑）[S]. 北京：中国中医药出版社，2019：1505–1510.

猫爪草

本品为毛茛科植物小毛茛*Ranunculus ternatus* Thunb.的干燥块根。

一、植物特征

块根纺锤形，形似猫爪，顶端有黄褐色残莲或垄痕。基生叶丛生，叶片形状多变，三出复叶或3浅裂至3深裂的单叶；茎生叶多无柄。萼片5，绿色；花瓣5，黄色；雄蕊多数，花丝扁平；心皮多数，离生，丛集于膨大的花托上；子房上位。聚合瘦果，顶端具短喙。花期3～4月，果期5～6月。（图1）

图1 猫爪草

二、资源分布概况

小毛茛主要分布于广西、台湾、江苏、浙江、江西、湖南、安徽、湖北、河南等地。

三、生长习性

小毛茛多生长于平原湿草地、田边、路旁、河岸、洼地及山坡的草丛中，在海拔1200～2500米也有生长。喜温暖、日照时间不太长的环境，耐寒冷，耐荫蔽，也耐贫瘠，地下块根露地能越冬。对土壤要求不严，但以土层深厚肥沃、排水良好的土壤为宜，在黏重土壤、积水及阴暗之处生长不良。

四、栽培技术

1. 选地整地

（1）选地　宜选土层深厚、肥沃疏松、富含腐殖质的半阴半阳的荒坡或平地种植。育苗地要选疏松、肥沃、排水良好的腐殖质壤土或砂质土，地势平坦，有灌溉条件的地块。

（2）整地　入秋后结合整地，施入腐熟优质农家肥45000千克/公顷、复合肥450千克/公顷，然后耕翻2次。整地质量达到土碎如面，沟直如线，上虚下实，四沟配套。栽种以前，要先做畦后栽种，畦宽1.5～2.0米，长度视地块而定，畦沟宽30厘米左右。

2. 繁殖方法

（1）种子繁殖　于4～5月份果实分批成熟时，随采随播或将种子与沙混匀后层积贮藏到第2年，1～4月、6～12月均可播种。条播行距30厘米，开浅沟，浇足底水，待水渗下后将种子拌入细沙均匀地撒入沟内，然后用三合土覆盖，以不见种子为度。盖草保持畦面湿润，以利于出苗。每亩播种量2千克。4个月左右出苗（覆盖塑料薄膜的2个月即可出苗，出苗后需进行通风炼苗）。出苗后撤除盖草，加强管理。当幼苗长出2～3片真叶时即可移栽。春播的于当年秋季移栽，秋播的于翌年春季移栽。选择阴天，在大田按株行距10厘米×（25～30）厘米挖穴移栽，每穴1株，随挖随栽。栽后浇水，每亩定植2万株左右。

（2）分株繁殖　小毛茛生长1年以上的植株被称为母株，下面簇生的一个个小块根被称为子株，母株生长的时间越长，子株越多，产量越高，用母株上的子株繁殖被称为分株繁殖，在春、秋、冬三季均可，但最佳繁殖期是霜降至小雪和惊蛰至清明。为提高功效和子株萌发率，可先育苗，后移栽。育苗应先准备好苗床，根据子株多少，确定苗床大小。如子株少可用筐、盆等；如子株多应在庭院、地头育苗，苗床材料只需肥土即可。然后将母株上的子株逐个小心地用手掰下，按行距3厘米，株距1厘米，整齐地排列在苗床上，覆盖稻草，勤浇水，保持土壤湿润，半个月即可长出叶子，并随即揭去覆盖物。封冻期间，育苗应在室内，并加盖薄膜。当小苗完全出土后，应移至室外"炼苗"，当苗床上子株长出2～3片真叶时，即可移栽，每穴1株，行距24～30厘米，株距9～12厘米。栽后浇水，一般每亩栽植密度为2万～3万个子株。

（3）块根繁殖　在春、秋季采收时，挖起块根，大的供药用，小的留作种用。亦采用先育苗后移栽的方法。育苗前，做好苗床并施足基肥，整细耙平。在畦面上按行株距15厘米×5厘米挖穴，穴深3厘米，进行点播。播种前将选好的小块根用5～10毫克/千克赤霉素溶液浸泡24小时后捞出，洗净药液，混于3倍清洁、湿润的细河沙中，置于木箱内层积处理20天左右。春、秋季栽种，春季在1～4月、秋季在8～12月进行穴播，株行距10厘米×13厘米，每穴播入块根1个，播后覆土1.6厘米，浇足定根水，生长期保持土壤湿润。生长旺盛期追施少量尿素，每亩用5千克尿素对水浇灌，促进植株生长。

3. 田间管理

（1）中耕除草　早春齐苗后进行第1次中耕除草，宜浅松土，杂草用手拔除，避免伤根。3月植株抽薹开花前进行第2次中耕除草，5月上旬越夏前进行第3次除草，第4次在9月初，第5次于11月。因猫爪草植株矮小，初春生长较旺盛，秋冬季生长缓慢，应除尽杂草，避免草荒。

（2）及时追肥　追肥一般进行2次，第1次结合中耕除草进行，施稀薄人畜粪水22500千克/公顷。第2次在开花前结合中耕除草进行，用花生麸450千克/公顷与人畜粪水沤制腐熟后，施入用量30000千克/公顷；或根外喷施磷肥1次，用量为75千克/公顷，加水稀释后喷雾。

（3）排灌水　可根据土壤墒情而定，及时排灌，防旱更要排涝。小毛茛早春出齐苗后，要加强浇水，使幼苗生长健壮，雨季加强疏沟排水，避免积水致使块根腐烂。

（4）摘花薹　3月下旬抽薹开花前，除留种外，一律摘除花薹，使养分集中于地下块根，使其生长肥大，有利增产。

（5）间作　小毛茛植株于5月上旬开始至9月下旬为越夏休眠期。这段时期，在行间可以间作生长期较短的蔬菜瓜果或其他药材，既可为小毛茛遮荫，又可充分利用土地，增加农民收入。

4. 病虫害防治

（1）白绢病　白绢病菌主要以菌核在土壤中越冬，危害猫爪草块根和茎基部，喜高温高湿环境。在温度30～35℃、湿度85%～95%的环境下，病菌生长极快。表现为发病部位变褐，腐烂成烂麻状，易从地表拔起，并长有白色菌丝，最后形成褐色油菜子状的菌核。发病初期植株地上部分无明显症状，随病情加重，叶片逐渐萎蔫，直至枯死，叶片不易脱落。

防治方法　与禾本科作物或与不发生白绢病的作物实行5年以上的轮作；在整地时施入30%菲醌18～20千克/公顷或生石灰750千克/公顷，均匀撒于地表，然后翻耙，进行土壤消毒；发现病株及时拔除，集中烧毁，并在病穴内和附近植株周围撒石灰粉消毒；用木霉真菌防治，将病株和健株周围表土挖松，每株拌入木霉菌剂10～20克；用50%甲基托布津可湿性粉剂1000倍液浸泡种子5～10分钟，取出晾干后再栽种。

（2）白粉病　白粉病又称"冬瓜粉"，危害猫爪草叶片，病原菌以闭囊壳或菌丝体在病株体及种根上越冬。越冬的闭囊壳上散发出成熟的子囊孢子，进行初次侵染，越冬的菌丝体第2年直接产生分生孢子，传播危害植株。白粉菌产生分生孢子的适宜温度为20℃，5℃以下和35℃以上均不发病。表现为罹病植株发病初期叶片上出现白色霉斑，逐渐扩大，相互融合连成一片，使整个叶片如涂了白粉，严重时整个叶片变褐枯死。发病后期，霉层中形成黑色小斑点，即为病原菌的子囊壳，子囊壳在病株的残体上越冬，翌年再次侵染危害。

防治方法　秋后彻底清理田间，将植株病残体清出田外，集中烧毁，可减少侵染源；发病初期，用25%粉锈宁1500倍液，或用浓度为100～150毫克/升抗霉菌素120倍液喷洒，每隔10～15天喷1次，连续喷2～3次。

（3）根腐病　根腐病害主要危害根部，病菌以菌丝体、厚壁孢子在土壤中或依附于病残体组织上越冬，第2年3月上旬开始发生，4月为发病盛期。一般情况下，高温高湿、连作、排水不良、植株生长不良、氮肥施用量大的田块发病严重。地下有害生物（如蛴螬、线虫等）为害，使植株出现大量伤口，利于病菌的侵染，也会加重其发病。表现为罹病植株首先从须根发生，后逐渐向块根发展。发病初期病株无明显变化，随着病情的发展，后期病部稍膨大、变脆，裂口遍及根部整个外围，变褐或发黑腐烂，深达木质部，造成水分、营养物质输送中断，地上部分失水萎蔫，后期逐渐干枯死亡。死亡的植株易从土中拔起。根腐病是猫爪草主要病害之一。

防治方法　与禾本科作物实行3年以上的轮作；栽植前要严格挑选种苗，选择无病种苗作种；增施磷、钾肥，增强植株抗病能力；加强地下害虫的防治，消灭地下害虫可减轻根腐病的发生。

（4）豌豆彩潜蝇　豌豆彩潜蝇又叫拱叶虫、夹叶虫、叶蛆等，它是一种多食性害虫。以幼虫潜入寄主叶片表皮下，曲折穿行，取食绿色组织，造成不规则的灰白色线状隧道，危害严重时，叶片组织几乎全部受害，叶片上布满蛀道，尤以植株基部叶片受害为最重，甚至枯萎死亡。幼虫也可潜食花梗。成虫还可吸食植物汁液使被吸处成小白点。

防治方法　可覆盖22目防虫网，选择施用2.4%阿维·高氯可湿性粉剂等低毒安全农药能有效控制豌豆彩潜蝇的发生。

（5）蚜虫　蚜虫又称蜜虫、腻虫。发生期可布满整个植株，吸食嫩茎及叶片汁液，使嫩茎及叶片萎缩卷曲，花蕾皱缩变小，甚至不能正常开花结实。

防治方法　蚜虫可在发生期用40%乐果乳油800～1000倍液喷雾防治。也可用50%灭蚜松乳油1000～1500倍液喷雾防治。

五、采收加工

1. 采收

猫爪草的采挖，一般是对栽培1年以上的才进行采挖。采挖时间，全年均可。通常在春季、秋季进行，春季5～6月，秋季10月以后。

2. 加工

挖出小毛茛块根后除去茎叶及须根，抖净或洗净块根上的泥土，再晾晒。晾晒时，最好不让其与地面直接接触。要日晒夜收，以免遇露水。遇天阴下雨，应摊晾在室内通风处，且不断翻动，避免其发热、发霉变质，影响质量。把其摊晾在席上时，下面再撒上一层生石灰或者草木灰，以便吸潮吸湿，天晴后立即将其挪到室外暴晒。

六、药典标准

1. 药材性状

本品由数个至数十个纺锤形的块根簇生，形似猫爪，长3～10毫米，直径2～3毫米，顶端有黄褐色残茎或茎痕。表面黄褐色或灰黄色，久存色泽变深，微有纵皱纹，并有点状须根痕和残留须根。质坚实，断面类白色或黄白色，空心或实心，粉性。气微，味微甘。（图2）

1cm

图2　猫爪草药材

2. 显微鉴别

本品横切面：表皮细胞切向延长，黄棕色，有的分化为表皮毛，微木化。皮层为20~30列细胞组成，壁稍厚，有纹孔；内皮层明显。中柱小；木质部、韧皮部各2~3束，间隔排列。薄壁细胞充满淀粉粒。

3. 检查

（1）水分　不得过13.0%。

（2）总灰分　不得过8.0%。

七、仓储运输

1. 仓储

药材仓库应通风、干燥、避光，必要时安装空调及除湿设备，并具有防鼠、虫、禽畜的措施。地面应整洁、无缝隙、易清洁。药材应存放在货架上，与墙壁保持足够距离，防止虫蛀、霉变、腐烂、泛油等现象发生，并定期检查。

2. 运输

药材批量运输时，不应与其他有毒、有害、易串味物质混装。运载容器应具有较好的通气性，以保持干燥，并应有防潮措施。

八、药材规格等级

市场上，猫爪草商品均为统货，不分等级。

九、药用价值

猫爪草味辛行散，能化痰浊，散郁结，可治痰火郁结之瘰疬痰核，内服外用均可。猫爪草又具解毒消肿之功，适用于疔疮、蛇虫咬伤，常以鲜品捣敷患处。

参考文献

[1] 王晓云. 药用猫爪草高产栽培技术[J]. 现代农业，2006（11）：24–25.

[2] 李玉翠. 沿淮流域猫爪草高产栽培技术[J]. 现代农业科技，2014（22）：84–85.

[3] 王厚江，周志聪. 猫爪草高产栽培[J]. 特种经济动植物，2010，13（6）：40–41.

[4] 张秀学. 猫爪草高产栽培技术[J]. 专业户，2000（10）：15–16.

[5] 张艳玲，孙万慧，尹健，等. 信阳猫爪草主要病虫害及防治方法初探[J]. 信阳农林学院学报，2015，25（1）：106–108.

[6] 刘利. 猫爪草的人工栽培与管理[J]. 安徽医药，2004，8（3）：240.

[7] 李广义，江耀全，王陈留. 猫爪草的采收加工[J]. 农家参谋，1999（10）：27.

[8] 罗光明，刘合刚. 药用植物栽培学[M]. 上海：上海科学技术出版社，2013：278.